高等学校机电类专业系列教材

机电类
毕业设计指导书

主　编　袁祖强　王玉鹏

副主编　张礼华　张　捷

参　编　周　珣　吴金文　房剑飞

U0378739

西安电子科技大学出版社

内 容 简 介

本书从教学需要出发,介绍了毕业设计(论文)概述、选题、文献检索、开题报告、论文的撰写、论文撰写中常见的问题和提高质量的措施、答辩和考核评定、毕业设计管理系统使用指南以及毕业设计论文实例等内容。

本书着重阐明了毕业设计的基本概念和要点,给出了比较详细和完整的设计实例,有利于读者掌握基本概念和设计方法,内容安排符合毕业设计的教学要求,具有一定的系统性和完整性,有利于提高学生的工程实践能力。本书文字通俗易懂,论述由浅入深,循序渐进,便于自学理解。

本书定位准确、内容务实,可作为高等院校机械工程、电气工程、自动化等相关专业的教学辅导教材,亦可作为各高校同类毕业设计的参考教材。

图书在版编目(CIP)数据

机电类毕业设计指导书 / 袁祖强,王玉鹏主编.
—西安:西安电子科技大学出版社,2019.2(2025.1 重印)
ISBN 978–7–5606–5248–1

Ⅰ.① 机… Ⅱ.① 袁… ② 王… Ⅲ.① 机电工程—毕业设计—高等学校—教学参考资料 Ⅳ.① TH

中国版本图书馆 CIP 数据核字(2019)第 026368 号

策　划　陆　滨
责任编辑　雷鸿俊
出版发行　西安电子科技大学出版社(西安市太白南路 2 号)
电　话　(029)88202421　88201467　　　邮　编　710071
网　址　www.xduph.com　　　　电子邮箱　xdupfxb001@163.com
经　销　新华书店
印刷单位　广东虎彩云印刷有限公司
版　次　2019 年 2 月第 1 版　　2025 年 1 月第 7 次印刷
开　本　787 毫米×1092 毫米　1/16　印　张　8.5
字　数　196 千字
定　价　21.00 元
ISBN 978-7-5606-5248-1
XDUP 5550001-7
如有印装问题可调换

前　言

毕业设计及论文撰写是大学教育阶段的最后教学环节,是每个受高等教育的学生在毕业前必须完成的一门重要的实践必修课程。高等院校都要求学生在指导教师的监督引导下,顺利完成毕业设计(论文),成绩合格是学生毕业和获得学位的必要条件。本书由工作在教学一线的教师编写,内容融合了编者多年指导学生毕业设计的教学经验和教学实践成果,对学生完成毕业设计具有一定的指导意义。

本书选材注意把握学生的知识背景与接受能力,以内容的新颖性、实例的应用性以及教程布局的系统性激发学生的阅读兴趣,帮助学生更好地完成毕业设计任务。本书在内容布局上,本着理论与实践并重的原则,首先从总体上阐述了毕业设计的相关内容和组织管理,然后详细介绍了毕业设计的整体流程,最后选取了两个较为典型的毕业设计案例,通过对这些案例的分析,详细讲授完成毕业设计的思路、方法、步骤和技巧。

本书共分九章,第一章介绍了毕业设计的性质、目的、意义、分类、要求和撰写毕业设计论文的学术规范;第二章介绍了毕业设计选题的意义、类型、原则和选题的方式及流程;第三章介绍了文献检索的作用、意义、方法、途径和步骤;第四章介绍了毕业设计开题报告的意义、格式和撰写方法;第五章具体阐述了毕业设计论文的撰写方法与步骤;第六章对毕业设计撰写中常见的问题和提高质量的措施进行了分析;第七章对毕业设计的答辩及成绩评定进行了介绍;第八章介绍了毕业设计管理系统的使用方法;第九章给出了两个较为典型的毕业设计案例,为学生提供参考。

本书由南京工业大学浦江学院袁祖强、王玉鹏任主编,江苏理工大学张礼华、南通理工学院张捷任副主编,南京工业大学浦江学院周珣、吴金文、房剑飞参与了编写。其中袁祖强编写了第一章,周珣编写了第二章及附录,房剑飞编写了第三章,张礼华编写了第四章,吴金文编写了第五、七章,王玉鹏编写了第六、八章,王玉鹏、张礼华、张捷、吴金文、房剑飞共同编写了第九章。全书由袁祖强负责统稿。

本书借用了网络上和其他教材中的一些图表,在此一并对作者表示感谢。

由于编者水平、经验有限,书中难免存在不妥之处,敬请读者在阅读与使用过程中提出宝贵意见,以便及时改正。

编　者

2018 年 12 月

目　　录

第一章 毕业设计(论文)概述

指导本科生完成毕业设计(论文)的写作，是教学计划的重要组成部分，是培养学生创新能力、实践能力和创业精神的重要实践环节。要写好毕业设计(论文)，首先就必须了解本科生毕业设计(论文)的性质、目的、意义、分类和要求。

第一节 毕业设计(论文)的性质

毕业设计(论文)是高等院校毕业生提交的一份有一定的学术价值的文章。它是大学生完成学业的标志性作业，是对学习成果的综合性总结和检阅，是大学生在教师指导下最初从事科学研究所取得的科研成果的文字记录，也是检验学生掌握知识的程度、分析问题和解决问题基本能力的一份综合答卷。

从文体上看，毕业设计(论文)归属于议论文中学术论文的种类。所谓议论文，它是一种证明自己观点正确的文章。它包括政论、文论、杂论在内的一切证明事理的文章，或说理、或评论、或辩驳、或疏证，以达到明辨是非、解除疑惑、综陈大义、驳斥谬误等目的。毕业设计(论文)就其内容来讲，一种是只结合学科中某一问题，归纳别人已有的结论，指明该问题进一步探讨的方向；再一种是对所提出的学科中的某一问题，用自己的研究成果给予部分的回答。毕业设计(论文)注重对客观事物作理性分析，指出其本质，提出个人的见解和解决某一问题的方法和意见。毕业设计(论文)就其形式来讲，具有议论文所共有的一般属性特征，即论点、论据、论证是文章构成的三大要素。文章主要以逻辑思维的方式为展开的依据，强调在事实的基础上，展示严谨的推理过程，得出令人信服的科学结论。

毕业设计(论文)虽属学术论文中的一种，但和学术论文相比，又有自己的特点：

一是指导性。毕业设计(论文)是在导师指导下独立完成的科学研究成果。毕业设计(论文)作为大学生毕业前的最后一次作业，离不开教师的帮助和指导。对于如何进行科学研究，如何撰写论文等，教师都要给予具体的方法论指导。在学生写作毕业设计(论文)的过程中，教师要启发引导学生独立进行工作，注意发挥学生的主动创造精神，帮助学生最后确定题目，指定参考文献和调查线索，审定论文提纲，解答疑难问题，指导学生修改论文初稿，等等。学生为了写好毕业设计(论文)，必须主动地发挥自己的聪明才智，刻苦钻研，独立完成毕业设计(论文)的写作任务。

教师具体的指导工作有六个方面：在对学生调查研究的基础上，指导学生选题，审定学生确定的论题；指导学生制定撰写毕业设计(论文)的计划，并定期检查；指导学生搜集和阅读有关参考资料，介绍必要的参考书目；指导学生开展社会调查或科学实验，搜集第一手资料，做好材料的研究和分类；指导学生拟订论文提纲，并解答疑问；审阅论文，评定论文成绩,并指导答辩。在指导过程中,教师要突出启发引导,注意发挥学生的主动性和创造性。

二是习作性。根据教学计划的规定,在大学阶段的前期,学生要集中精力学好本学科的基础理论、专门知识和基本技能;在大学的最后一个学期,学生要集中精力写好毕业设计(论文)。学好专业知识和写好毕业设计(论文)是统一的,专业基础知识的学习为写作毕业设计(论文)打下坚实的基础;毕业设计(论文)的写作是对所学专业基础知识的运用和深化。大学生撰写毕业设计(论文)就是运用已有的专业基础知识,独立进行科学研究活动,分析和解决一个理论问题或实际问题,把知识转化为能力的实际训练。写作的主要目的是为了培养学生具有综合运用所学知识解决实际问题的能力,为将来作为专业人员撰写学术论文做好准备,它实际上是一种习作性的学术论文。

三是层次性。毕业设计(论文)与学术论文相比要求比较低。专业人员的学术论文,是指专业人员进行科学研究和表述科研成果而撰写的论文,一般反映某专业领域的最新学术成果,具有较高的学术价值,对科学事业的发展起一定的推动作用。大学生的毕业设计(论文)由于受各种条件的限制,在文章的质量方面要求相对低一些。这是因为:第一,大学生缺乏写作经验,多数大学生是第一次撰写论文,对撰写论文的知识和技巧知之甚少;第二,多数大学生的科研能力还处在培养形成之中,大学期间主要是学习专业基础理论知识,缺乏运用知识独立进行科学研究的训练;第三,撰写毕业设计(论文)受时间限制,一般学校都把毕业设计(论文)安排在最后一个学期,而实际上停课写毕业设计(论文)的时间仅为十周左右,在如此短的时间内要写出高质量的学术论文是比较困难的。当然这并不排除少数大学生通过自己的平时积累和充分准备写出较高质量的学术论文。

四是创新性。创新是科学研究的生命,一篇毕业设计(论文)总要有点创新的东西,才有存在的价值。创新性包括探索前人未曾涉足的领域、补充前人的见解、纠正前人的谬误、综合前人的成果等几个方面,只要达到其中任何一点,都可算具有创新性。

第二节　撰写毕业设计(论文)的目的

大学生撰写毕业设计(论文)的目的,主要有两个方面:一是对学生的知识和能力进行一次全面的考核;二是对学生进行科学研究基本功的训练,培养学生综合运用所学知识独立地分析问题和解决问题的能力,为以后撰写专业学术论文打下良好的基础。

(一) 对学生的知识和能力进行一次全面的考核

撰写毕业设计(论文)是在校大学生最后一次知识的全面检验,是对学生基本知识、基本理论和基本技能掌握与提高程度的一次总测试。大学生在学习期间,已经按照教学计划的规定,学完了公共课、基础课、专业课以及选修课等,每门课程也都经过了考试或考查。学习期间的这种考核是单科进行的,主要考查学生对本学科所学知识的记忆程度和理解程度。但毕业设计(论文)则不同,它不是单一地对学生进行某一学科已学知识的考核,而是着重考查学生运用所学知识对某一问题进行探讨和研究的能力。写好一篇毕业设计(论文),既要系统地掌握和运用专业知识,还要有较宽的知识面并有一定的逻辑思维能力和写作功底。这就要求学生既要具备良好的专业知识，又要有深厚的基础课和公共课知识。通过毕业设计(论文)的写作，使学生发现自己的长处和短处，以便在今后的工作中有针对性地克服缺点，也便于学校和毕业生录用单位全面地了解和考察每个学生的业务水平和工作态度，便于发现人才，同时还可以使学校全面考察教学质量，总结经验，改进工作。

(二) 培养大学生的科学研究能力

撰写毕业设计(论文)的第二个目的是培养大学生的科学研究能力，使他们初步掌握进行科学研究的基本程序和方法。大学生毕业后，不论从事何种工作，都必须具有一定的研究和写作能力。在党政部门和企事业单位从事管理工作，就要学会调查研究，学会起草工作计划、总结、报告等，为此就要学会收集和整理材料，能提出问题、分析问题和解决问题，并将其结果以文字的形式表达出来。至于将来从事教学和科研工作的人，他们的一项重要任务就是科学研究。大学是高层次的教育，其培养的人才应该具有开拓精神，既有较扎实的基础知识和专业知识，又能发挥无限的创造力，不断解决实际工作中出现的新问题；既能运用已有的知识熟练地从事一般性的专业工作，又能对人类未知的领域大胆探索，不断向科学的高峰攀登。

撰写毕业设计(论文)的过程是训练学生独立进行科学研究的过程。通过撰写毕业设计(论文)，可以使学生了解科学研究的过程，掌握收集、整理和利用材料的方法；学会观察、调查、作样本分析；掌握利用图书馆检索文献资料的方法；学会操作仪器等。撰写毕业设计(论文)是学习如何进行科学研究的一个极好的机会，因为它不仅有教师的指导与传授，可以减少摸索中的一些失误，少走弯路，而且直接参与和亲身体验了科学研究工作的全过程及其各环节，是一次系统的、全面的实践机会。

撰写毕业设计(论文)的过程，同时也是专业知识的学习过程，而且是更生动、更切实、更深入的专业知识的学习。首先，撰写论文是结合科研课题，把学过的专业知识运用于实际，在理论和实际结合过程中进一步消化、加深和巩固所学的专业知识，并把所学的专业知识转化为分析和解决问题的能力；其次，在搜集材料、调查研究、接触实际的过程中，既可以印证学过的书本知识，又可以学到许多课堂和书本里学不到的活生生的新知识；最后，学生在毕业设计(论文)写作过程中，对所学专业的某一侧面和专题作了较为深入的研究，会培养学习的志趣，这对于他们今后确定具体的专业方向，增强攀登某一领域科学高峰的信心大有裨益。

第三节 撰写毕业设计(论文)的意义

毕业设计(论文)质量的高低，可检验高等院校教育实践的得失和水平的高低，能间接地反映出校方综合实力的强弱；而质量高的毕业设计(论文)对社会而言则具有明显的推动和促进作用。

对学生而言，撰写毕业设计(论文)有如下意义：

(一) 实现对业已完成的学习的梳理和总结

毕业设计(论文)是学生在校学习期间的最后一次作业，它可以全方位地、综合地展示和检验学生掌握所学知识的程度和运用所学知识解决实际问题的能力。写毕业设计(论文)的过程，也是对专业知识的学习、梳理、消化和巩固的过程。

同时，在调查研究、搜集材料、深入实际的过程中，还可以学到许多课堂上和书本里学不到的常识和经验。以往课程的考核、考查都是单科进行的，考核、考查内容偏重于对本门课程所学知识的掌握程度和理解程度。而撰写毕业设计(论文)，它既要系统地掌握和运用专业知识、专业理论，又要有一定的自我创新能力和实际操作能力(如调查研究、搜集材料)。在这一过程中，学生可以把所学知识和理论加以梳理和总结，从而起到温故知新、融会贯通的作用。

(二) 促进知识向能力的转化

知识不是能力，但却是获得能力的前提与基础。而要将知识转化为能力，需要个体的社会实践。毕业设计(论文)写作就是促进知识向能力转化的重要措施。

由于课程考试大都偏重于知识的记忆，范围也仅限于教科书所规定的内容，这种考试没有学生自我选择的空间(怎么考、考什么完全由教师决定)，无法体现和实现学生的实际操作能力的提高。论文写作恰恰能弥补这一缺陷。论文的一个特点就是创新性，学生提出自己的新观点、新见解或实验成果，都必须建立在以前所学的专业知识、理论基础之上。这样，论文的写作就会促进专业知识向应用能力的转化，培养学生的科学研究能力。撰写毕业设计(论文)，对培养和提高学生的分析问题能力、理论计算能力、实验研究能力、计算机使用能力、社会调查能力、资料查询与文献检索能力、文字表达能力，都会有所帮助，为他们以后从事相关工作和学术研究打下必要的基础。

(三) 通过问题反馈，为相关的教学工作提供参照信息

毕业设计(论文)中肯定会暴露出一些问题，这些问题或多或少地反映着学校的教学工作。对于学校和教师来说，如果大多数学生的论文写得好，内容和格式符合要求，且能发挥自己的见解，那就说明前期的教学工作取得了实际的成效，学生的素质培养没有出现什么偏差。相反，如果学生论文中出现的问题比较多，就说明教学中存在的问题比较多，就需要有针对性地加以改进和调整。

(四) 提高文章写作的水平和书面语言表达的能力

写作是传达信息的一种方式。现代社会是一个信息社会，各行各业都离不开信息。而信息的提供、收集、存储、整理、传播等都离不开写作。对于高校学生来说，不论从事哪种专业的学习，都应当具有一定的书面表达能力，因为进入社会后，无论在哪个行业、哪个单位、从事什么工作，写作能力是不可缺少的。

进行社会调查，是撰写论文过程中非常重要的一步。调查完后，要将调查结果整理成书面材料以便研究。在这个过程中，可以锻炼学生的书面表达能力。

撰写毕业设计(论文)的过程也是训练写作思维和能力的过程。要撰写论文，就必然会遇到如何收集、整理和鉴别材料，如何进行社会调查，如何分析和整理调查结果，如何写提纲和起草，如何修改和传递等方面的常识、方法、技能问题。通过撰写毕业设计(论文)，可以有效提高获取信息情报的能力，语言和文字表达的能力，社会活动、交往、调研的能

力等。从这个意义上说，毕业设计(论文)不是一种形式，它内在的功能是多方面的。

(五) 为未来工作、研究做好准备

毕业设计(论文)是一个总结性质和习作性质的文章。它具有承前启后的中介性职能。一个学生，在大学毕业以后，或走上社会从事实际工作，或继续学习和深造。毕业设计(论文)的写作，对以前而言是总结，对以后而言是开路。总结以前是为了便于以后的工作和学习。它标志着一个阶段的结束，启示着一个新的阶段的来临。所以，撰写毕业设计(论文)，等于是在两个阶段之间进行"切换"。论文写得好，对于未来的工作、学习是有利的。每个毕业生，都应当以积极的态度、正确的方法投入这项工作，用实际行动为大学阶段的学习画上句号，为未来的工作和学习开创新的序曲。

第四节 毕业设计(论文)的分类

毕业设计(论文)是学术论文的一种形式，为了进一步探讨和掌握毕业设计(论文)的写作规律和特点，需要对毕业设计(论文)进行分类。由于毕业设计(论文)本身的内容和性质不同，研究领域、对象、方法、表现方式不同，因此，毕业设计(论文)就有不同的分类方法。

(一) 从学科性质上划分

从学科性质上划分，毕业设计(论文)可分为文科毕业设计(论文)、理科毕业设计(论文)和工科毕业设计(论文)。

(1) 文科毕业设计(论文)。它是高等院校社会科学类的应届毕业生所撰写的论文。社会科学类毕业设计(论文)包含了社会意识形态的各个方面，诸如哲学、社会学、经济学、管理学、政治学、法学、文学、语言学、伦理学、宗教学、历史学、教育学，等等。

(2) 理科毕业设计(论文)。它是高等院校自然科学类的应届毕业生所撰写的论文。自然科学研究的领域十分广泛，包括研究自然界各种物质和现象的科学，如物理学、数学、化学、地学、天文学、生物学、动物学、植物学、生理学、农学、医学、力学、电学，等等。

(3) 工科毕业设计(论文)。它是高等院校工程、技术专业的应届毕业生所撰写的设计型论文，可分为工艺设计和设备设计，一般由设计说明书和设计图组成。

(二) 从研究方法上划分

从研究方法上划分，毕业设计(论文)可分为理论型论文、综述型论文、描述型论文、实验型论文和设计型论文

(1) 理论型论文。这类论文运用的主要研究方法是理论证明、理论分析、数学推理等。这类论文中有些是纯粹以抽象的理论问题为研究对象的，它们或者证明某一定义、定理，或者分析某种理论的意义或局限性，作出修正、补充和质疑，或者研究某种理论的运用等，这些论文是通过严密的理论推导或数学运算来获得研究结果的。

(2) 综述型论文，即评述型论文。这类论文运用的主要研究方法是对所综述资料进行

分析、综合、概括。它以阅读、观察、调查所得的资料和文献资料为研究对象，通过归纳、演绎、类比等方法达到推广最新科学成果和提出某种新的理论、新的见解的目的。

(3) 描述型论文。这类论文运用的主要研究方法是描述、比较和说明。它的研究对象是具有重要科学价值的新发现的某一客观事物或现象。天文、生物、地质、文学等领域中都有这类论文。这类论文要求描述精确、细致，要善于抓住特征进行比较，要进行必要的理论分析，以得出有价值的结论。

(4) 实验型论文。这类论文运用的主要研究方法是设计实验、进行实验研究和对实验结果的分析。实验型论文又有两种情况：一是以介绍实验本身为目的，正文就是实验的内容，结果包含在实验过程中，没有讨论部分，或者只是讨论各种条件对实验的影响；二是以对实验结果的讨论为主要目的，通过对实验结果的分析，研究客观规律。

(5) 设计型论文。这类论文运用的主要研究方法是设计工艺流程或生产设备，在设计过程中形成最佳方案，并对这一方案进行全面论述。如学自动化专业的，可进行工艺流程的自动化设计，或进行某个设备的自动控制设计。不过，尽管具体设计的内容各不相同，设计型论文表达的形式却是相同的，一般都由设计说明书和设计图组成。

第五节　撰写毕业设计(论文)的要求

(一) 论题要有创新性

毕业设计(论文)的论题必须有创新性，就是说要有新的理论、新的思想、新的观点或新的工艺、新的方法。有的论题虽然前人已有论述，但作者对已有的论题有进一步的认识，有新的看法，做了一些补充或有一点修正，均属于有创新性。

(二) 论据要充分有力

毕业设计(论文)的论点能否成立，关键要选择真实、新颖、典型、充分的材料。理论材料不可少，事实材料更重要。不仅要重视第一手材料，也要利用好第二手材料，这样才能使证明论点的论据显得充分有力。

(三) 论证要合乎逻辑

运用论据来证明论点的过程和方法，叫论证。而论证的过程离不开推理，推理必须遵循逻辑规律。就是说在毕业设计(论文)撰写中，材料的选择与安排、论点与论据的关系、论证方法的使用都要合乎逻辑，在论证中不能出现逻辑错误。

(四) 结构要合理妥帖

毕业设计(论文)有自己的结构，其主体部分的基本思路是：提出问题—分析问题—解决问题，即由引言(绪论)、正文(论证)、结论三部分组成。但考虑到论文的内容千差万别，形式多种多样，所以在谋篇布局时一定要合理安排结构，详略分明，使各部分浑然一体，绝不能松松散散、支离破碎。

(五) 语言要符合要求

撰写毕业设计(论文)的语言应力求做到准确、简洁、质朴、得体。准确是指用语确切，符合实际；简洁是指用语简明扼要，用字少而精；质朴是指用语通俗易懂，不哗众取宠；得体是指用语符合行文规范，分寸得当。只有这样，才能体现毕业设计(论文)的语言特色。

第六节　撰写毕业设计(论文)的学术规范

抄袭指窃取他人的论文当作自己的，包括完全照抄他人论文和在一定程度上改变其形式或内容的行为，是一种严重侵犯他人著作权的行为。

(一) 抄袭的认定

具有以下情形之一的，原则上可认定为抄袭：

(1) 连续引用他人论文超过 200 字而未注明出处的；

(2) 使用他人已发表的事例、数据、图表等内容未经授权或未注明出处的；

(3) 原文复制或通过改变个别词语、词组及重排顺序，复制他人论文内容超过本人所撰写总字数的 15%的(引用法律法规，政府公文，时事新闻，名人名言，经典词诗，古籍书，公认的原理、方法和公式，通用数表等内容的除外)；

(4) 将文献直接翻译或在翻译中改变字词、重排句子顺序等用于自己的论文中，且总字数超过本人所撰写论文总字数的 15%的；

(5) 照搬他人论文或著作中的实验结果及分析、系统设计和问题解决办法而没有注明出处或未说明借鉴来源的。

(二) 抄袭程度的认定

(1) 已认定为抄袭行为，且与他人已有论文、著作重复内容占本人论文总字数比例在 30%以内(含 30%)的，可认定为轻度抄袭。

(2) 已认定为抄袭行为，且与他人已有论文、著作重复内容占本人论文总字数比例达到 30%~50%(含 50%)的，可认定为中度抄袭。

(3) 已认定为抄袭行为，且与他人已有论文、著作重复内容占本人论文总字数比例超过 50%的；或全文引用均未注明来源出处、被普遍误认为是其原创的；或不论重复字数多少，其表述的核心思想、关键论证、关键数据图表是抄袭、剽窃他人的，可认定为严重抄袭。

第二章　毕业设计(论文)的选题

　　撰写毕业设计(论文)的第一步就是选题。选题，从字面上讲，就是选择课题。选择课题有两方面意思：一是选择科研范围和科研方向，二是选择论文的题目。选题既是论文写作的第一步，又是决定论文内容和价值的一个关键性环节。选好课题，接下来的一系列工作，如确定标题、搜集材料、安排结构、执笔撰写等，就能顺利进行，反之则不然。

　　一个恰当的选题可以为整个论文撰写奠定一个良好的开局。在毕业设计(论文)的写作过程中，选择题目对很多学生而言是一个很大的问题。毕业设计(论文)题目不宜选得太大太空，而应结合自己所学专业知识与自身的兴趣爱好，或通过调查分析，从一个小问题入手，细致探讨。若想把选题做具体，最好联系实际，解决一个具体问题。对于缺乏经验的学生，可搜集传统资料，选择一些应用型研究的论题；对于专业知识背景比较多元的学生，可以采用跨学科式的研究方法。另外，还可以从指导老师提供的毕业设计题目中选择自己感兴趣的题目来做。总之，最好选择一个自己能如期完成、有一点新意并且自己也比较擅长的论文题目。

第一节　选题的意义

　　首先，选题就是选择和确立论文所研究的对象和目标，而"选题"不等于"题目"。论文题目是研究课题完成后，为成果确定的标题。选题是主观上确定的研究对象。选题一旦确定，不能轻易变动。

(一) 选题关系到论文写作的成败

　　有人说，选对了课题，论文就等于完成了一半。这种说法很有道理。所谓"选对了课题"，包括两层含义：一是指选题与客观需要相符合，二是指选题与研究状况相适应。前者可以保证选题具有实际意义。而选题有意义，对课题的研究才会有意义，反映研究成果的论文也才会有价值；后者可以保证研究者有能力、有条件对问题展开研究，研究工作能够顺利进行，并取得成功。

(二) 选题是论文写作的起点

　　从最直接的意义上说，选题是一项具体的科学研究活动开始的标志，它为整个活动确立了明确的目标。选题的本质就是要选准所要研究的某一个问题，问题选准了，研究就有了基础。科学研究是一项目的性极强的活动，漫无目的的研究是不会有什么结果的。从提出问题到解决问题，是一个合乎逻辑的过程，有了问题，才谈得上问题的解决，对问题认识得越清楚，对问题的解决也就越容易。

(三) 选题是规划论文写作的方向

选题确定之前，作者要查阅和了解大量信息资料，选题确定后，更要掌握和钻研大量第一、第二手资料。在调查、了解和钻研的过程中，选题起着统帅作用。有了选题作明确指向，随着钻研的逐步深入，论点的提炼、论证方法、材料的安排等，都会在作者头脑中逐步清晰起来。

(四) 选题预示论文的最终价值

论文的最终成果是否有价值，当然要看论文完成后的具体结果，但这个结果来源于选题的好坏。选题好，不一定都有好的结果，还要看你研究的水平和所花的功夫。但选题不好，任凭你花多少功夫，也不可能有好的结果。判断选题好坏的标准很多，核心的标准就是能否创新。

无论从哪个角度来说，选题的意义都是不可低估的。撰写论文，必须重视选题，第一步就要争取"选对题"。

第二节　选题的类型

撰写毕业设计(论文)既是一项科研活动，同时也是学习过程的一个步骤。大学生撰写毕业设计(论文)不仅是为了传播学术信息，推进学科的发展，更重要的目的还在于梳理、总结学习成果，反映学生对本门学科的基础理论及其他专门知识的掌握程度。如果选题脱离专业范围，就难以达到预期的目的。因此，毕业设计(论文)的选题应以学生所学专业课的内容为主，而不应脱离专业范围。

(一) 从时间上划分

从时间上划分，选题可分为开创性研究的选题和发展性研究的选题。

1. 开创性研究的选题

开创性研究的选题，也就是别人没有研究过的问题。在每个学科领域中，都有一些早已存在，但却长期被人们所忽视，或者由于条件的制约，一直没有进行研究的问题；也有一些在社会和人类认识的发展中，不断产生出来的新问题。解决这些问题的研究就是开创性研究，这些问题就是开创性研究的选题。

进行开创性研究，一般没有太多的资料可以利用，也没有现成的方法可作借鉴，难度大，困难多，要求研究者具有较高的研究水平和较好的意志品质。

2. 发展性研究选题

发展性研究的选题，是需要进一步研究的问题。有些问题，虽然曾有人对之作过研究，但随着时间的推移，客观情况有了变化，或者研究条件有了改善，已有的研究成果或显陈旧落后，或暴露出种种不妥之处，因而有了重新对之加以研究的必要，这样的问题也可以被作为科学研究的课题。发展性研究的形式有很多种，常见的有下面几种：

(1) 深化、补充已有的观点。这是指在已有的研究的基础上，进行更加广泛、深入的研究，以使已有的研究成果得到丰富和发展，使已有的理论观点得到深化和补充。

(2) 赋予已有理论以新的社会意义。有些问题早已有了众所周知的结论，仅从科学发展的角度来看，已失去了重新研究的意义。但从社会需要的角度来看，确有一些问题有重新提出并加以研究的必要。结合社会发展实际，挖掘原有理论的现实意义，能够调整人们的认识，并且能为国家的政治生活、经济生活的发展提供必要的理论基础和学术借鉴，也有助于增强科学研究的现实意义，有助于充分发挥理论的实际效用。

（二）从性质上划分

从性质上划分，选题可分为基础性研究的选题和应用性研究的选题。

基础性研究的选题是指对本专业基础理论、基础知识的内容进行研究。文科类和理科类大专生较多选择这种选题。

应用性研究的选题是指运用本专业的知识和技能解决工程、技术上的一些问题。工科类的大专生一般选择这种选题。

第三节　选题的原则

为做到选题得当，课题的选择必须有一个标准和根据。选题的原则，就是衡量课题、决定弃取的标准和根据。为了能选择一个具有实际应用性、有研究价值、适合个人专业能力的课题，选题需要坚持以下几个原则。

（一）应符合本专业的培养目标与所学课程范畴

毕业设计(论文)是对所学专业知识运用能力的综合考察，所以毕业设计(论文)的选题必须切合本专业，符合专业培养要求。课题要涵盖在本专业主干课程或本专业主要研究方向中，需要运用本专业所学的专业知识进行设计与研究，不要脱离本专业范围。通过本课题研究要使大学生将所学到的专业理论知识融会贯通，理论指导实践，运用理论去分析实际问题。

（二）具有一定的理论与应用价值

理论研究型的选题要贴近本专业最近流行的、热门的研究方向，开发设计型的选题要能够解决一些实用技术问题，贴近工业生产或生活的实际需求。

如何才能选取具有理论与应用价值的课题呢？一是要了解本学科、本专业的研究动态；二是要了解本学科、本专业的研究历史，着力解决比较重要的基本理论问题。有些问题的研究，从表面看来现实意义不大，但从整个学科、专业发展的角度来看，却是至关紧要的，因为它会对其他问题的解决，以至会对学科体系的严整化产生影响。选择这样的课题进行研究，有着重要的学术意义。要找到一个有价值的课题，还必须做好课题的调查工作。

课题调查的途径，简单地说主要有两条：一是查阅文献资料。科研成果保存与传播的形式多种多样，而文献是保存与传播社会科学研究成果的主要载体，通过文献资料的查阅，最容易全面了解课题研究的状况。二是访问专家学者。对于毕业设计(论文)的作者来说，了解课题研究情况，可以多同指导教师沟通，多听指导教师的意见。一名称职的论文指导教师应对学生所涉及的专业领域比较熟悉，应对已有的研究状况有较全面的把握，而且应有一定的研究经验，能就学生的选题提出意见和建议。

(三) 论文选题必须切合自己的专业知识积累和兴趣

选题的方向、大小、难易都应与自己的知识积累、分析问题和解决问题的能力与兴趣相适应。要充分估计自己的知识储备情况和分析问题的能力。毕业设计(论文)选题必须依据自己的专业积累，并且充分考虑自己的兴趣与特长，选自己最擅长的来写。大学生的学识水平差距大，有的可能在面上更广博些，有的可能在某一方面有较深的钻研，在选题时，要尽可能选择能发挥学生专长的题材，同时考虑自己的兴趣。兴趣是最好的导师，有兴趣，研究的欲望就强烈，内在的动力和写作情绪就高，才更有可能写出比较出色的毕业设计(论文)。

(四) 可行性原则

选择有能力完成的课题，是保证课题研究取得成功的首要前提。人们常说，尺有所短，寸有所长，每个人都有自己的长处和不足。就一般情况而言，所选课题如能同自己的能力特点相适应，就能得心应手、高效率地完成研究任务。选择有兴趣完成的课题，是保证课题研究取得成功的必要条件。另外，要选择有条件完成的课题，这里所说的条件是指完成一项科学研究所必需，同时又不以人的意志为转移的外在条件。制约课题研究的条件很多，其中，资料条件、实验条件及时间条件是最重要因而最应该重视的条件。

(五) 创新原则

选题的创新体现在这几个方面：选题可以是前人研究过，但是存在难点与疑点的问题；选题可以是前人研究过，但是可以进一步深入和扩展的问题；选题可以是前人研究过，但是可以采用新技术、新的解决方案的问题。

综上所述，选题不宜太偏，太前沿，太过时。选题如果太偏，资料不好找，尽管有时会觉得论题偏比较新颖，而且论文不会重复，但实在难度太大，对于没有论文经验或理论基础不够扎实的人，实不可取。选题的大小一定要适中，难易要适度，应对实际工作有一定指导意义。要结合当前科技和经济发展，尽可能选择与社会发展及实际工作相结合的课题。选题可选自己比较熟悉的，或是过去到现在在不断进步发展并且有资料可循的。选题最好能建立在平日比较关注、有兴趣探索的问题的基础上。

写一篇论文，需要大量阅读某个方面的学术文章，看别人在这方面有哪些见解，经过一定的阅读，积累大量的知识，从而慢慢形成自己的观点。选题应鼓励学术创新，要注意与时俱进，鼓励解决实际问题。选题应与自己所学专业有关。选题应以所学的专业课的内容为主，不应该脱离专业范围，并有一定的综合性，具有一定的深度和广度。

第四节　选题的方式和流程

（一）毕业设计（论文）选题来源

由于学生是初次写论文，不知道论文选题的方法和技巧，指导教师将为学生开列一些参考选题。这些参考选题，只能当作启发思维的参考。一些学术杂志上的论文题目，也可以作为参考选题。主要看别人是从什么角度研究问题的，还有哪些问题没有研究透，从而受到启发，找到新的、适合自己的选题。

本科毕业设计（论文）的选题来源一般有三种途径：一是学生自拟；二是课题；三是指导教师命题。

（1）学生自拟。选题由学生自己提出来，经指导教师批准认定。最理想的选题，应该是学生自己提出来。在学习生活中，通过阅读的启发、学习的疑问、实践的体会、工作的需要等，都可以发现问题，作为选题的来源。

（2）课题。所谓课题，一是指参与指导教师主持的研究课题，二是指申请到学校为大学生设立的创新课题。

（3）指导教师命题。当学生自己提不出选题时，由指导老师根据具体情况拟定一些论文题目。在选择指导教师的命题时，要考虑自己的接受程度，看自己能否胜任老师指定的选题，是否符合自己的情况。

（二）毕业设计（论文）选题方式与流程

不论是哪种类型的毕业设计题材，选题都要有一个方式或者说是流程。选题的方式与流程如下：

（1）学院指导老师列出选题范围。组织动员学生开始毕业设计之前，指导老师上报选题，学院组织专业骨干教师进行审核和修改，最终确定《毕业设计选题指导范围》并发给学生参考。

（2）学生申报选题。学校一般采取多项选择原则，学生可以选择《毕业设计选题指导范围》中感兴趣的选题，也可以选择在实习单位做的课题，或者根据自己的实际情况自拟选题。学生拟好选题后，上报学校，接受审核。

（3）学校审核学生选题。学校汇总学生上报的课题并进行逐一审核，题目之间不可以重复。如果选题难度较大，允许多名同学共同承担，但必须明确每个成员的具体任务和研究内容。学校组织毕业设计指导教师与学生沟通，确保选题的可行性，保证毕业设计的顺利开展。对不合适的选题，应做适当的更改与调整。

（4）学生确定选题，指导教师撰写《毕业设计任务书》，学生撰写《毕业设计开题报告》。

第三章　文　献　检　索

文献是记录知识的一切载体(GB/T 4894—1985)。具体地说，文献是将知识、信息用文字、符号、图像、音频等记录在一定的物质载体上的结合体。在查新中，文献是科技文献的简称，是指通过各种手段(文字、图形、公式、代码、声频、视频、电子等)记录下科学技术信息或知识的载体。

主要的文献信息源有科技图书、科技期刊、专利文献、科技报告、学位论文、会议文献、政府出版物、标准文献等。

所谓文献检索，即文献资料的查找，这是现代科技人员获取文献和信息的主要手段之一，也是大学生写作毕业设计(论文)时获取资料的主要方法。

第一节　文献检索的作用

本科毕业设计(论文)如果单纯依赖学校图书馆及资料室的文献，既浪费了大量时间，又增加了资料员的整理工作。如果检索不当，直接影响学生的毕业设计(论文)的质量。因此大学生需要提高自身动手获取文献情报的能力，了解有关毕业设计(论文)写作与文献资料的关系以及学会文献查找的方法和技巧，要求能够在毕业设计(论文)的过程中利用相关工具检索出自己所需资料。文献检索主要有以下几方面的作用。

(一) 可以从整体上了解研究的趋向与成果

在一个学术领域会有许多研究成果，对一个研究问题，前人可能已有深入探讨。只有通过对相关文献的充分阅览，才能了解研究问题的发展动态，把握需要研究的内容，吸取前人研究的经验教训，避免重复前人已经做过的研究，避免重蹈前人失败的覆辙。

(二) 可以澄清研究问题并界定变量

一个研究问题可能会涉及许多可供探讨的变量，但不是所有的变量都值得研究。如果研究者广泛阅览有关文献，就能从理论或实践的角度，审视各个变量的价值，从而作出取舍。文献检索可以了解问题的分歧所在，进一步确定研究问题的性质和研究范围。检索阅览文献除了可以借鉴他人的研究成果，获得研究问题的背景外，还可以在有关文献中找到研究变量的参考定义，发现变量之间的联系，澄清研究问题。

(三) 可以为如何进行研究提供思路和方法

研究设计的安排和研究方法的运用，都关系到课题研究的质量和成败。通过对研究文献的阅览，可以从别人的研究设计和方法中得到启发和提示，可以在模仿或改造中培养自己的创意，可以为自己的研究提供构思框架和参考内容。

（四）可以综合前人的研究信息，获得初步结论

阅览文献可以为课题研究提供理论和实践的依据，最大限度地利用已有的知识经验和科研成果；可以通过综合分析，理出头绪，寻求新的理论支持，构建初步的结论，作为进一步研究的基础。

第二节　文献检索的意义

文献检索的意义包括以下几点。

（一）避免重复研究或走弯路

我们知道，科学技术的发展具有连续性和继承性，闭门造车只会重复别人的劳动或者走弯路。比如，我国某研究所用了约十年时间研制成功"以镁代银"新工艺，满怀信心地去申请专利，可是美国某公司早在 20 世纪 20 年代末就已经获得了这项工艺的专利，而该专利的说明书就收藏在当地的科技信息所。科学研究最忌讳重复，因为这是不必要的浪费。在研究工作中，任何一个课题从选题、试验直到出成果，每一个环节都离不开信息。研究人员在选题开始就必须进行信息检索，了解别人在该项目上已经做了哪些工作，哪些工作目前正在做，谁在做，进展情况如何等。这样，就可以在他人研究的基础上进行再创造，从而避免重复研究，少走或不走弯路。

（二）节省研究人员的时间

科学技术的迅猛发展加速了信息的增长，加重了信息用户搜集信息的负担。许多研究人员在承接某个课题之后，也意识到应该查找资料，但是他们以为整天泡在图书馆"普查"一次信息就是信息检索，结果浪费了许多时间，而有价值的信息没有查到几篇，查全率非常低。信息检索是研究工作的基础和必要环节，成功的信息检索无疑会节省研究人员的大量时间，使其能用更多的时间和精力进行科学研究。

（三）是获取新知识的捷径

在改革开放的今天，传统教育培养的知识型人才已满足不了改革环境下市场经济的需求，新形势要求培养的是能力型和创造型人才，具备这些能力的人才首先需要具备自学能力和独立的研究能力。大学生在校期间，已经掌握了一定的基础知识和专业知识。但是，"授之以鱼"只能让其享用一时。如果掌握了信息检索的方法便可以无师自通，找到一条吸收和利用大量新知识的捷径，把大家引导到更广阔的知识领域中去，对未知世界进行探索。是谓"授人以渔"，才能终身受用无穷。

德国柏林图书馆门前有这样一段话："这里是知识的宝库，你若掌握了它的钥匙，这里的全部知识都是属于你的。"这里所说的"钥匙"即是指文献检索的方法。

第三节 文献检索的方法

查找文献的方法主要有直接法、追溯法、综合法三种。

(一) 直接法

直接法是直接利用检索工具(系统)检索文献信息的方法，这是文献检索中最常用的一种方法。它又分为顺查法、倒查法和抽查法。

(1) 顺查法。顺查法是利用文献检索工具按时间顺序由远及近地进行文献信息检索的方法。如对某课题进行文献检索，可从它最初年代取得的成就开始，按时间的先后顺序，逐年往近期查找。

采用顺查法检索文献，基本上可以反映某项目(课题或学科)发展的全貌，能得到较高的查全率和查准率，但费时费力，检索效率低。一般，新开课题、较大课题和申请专利查新时采用这种方法检索文献。

(2) 倒查法。倒查法是利用文献检索工具按时间顺序由近及远地进行文献信息检索的方法。倒查法与顺查法相反，适用于一些原始创新的课题或有新内容的课题，重点是查找近期文献，查找文献时效率高，可以保证文献的新颖性，但容易遗漏有用的文献而影响查全率。

(3) 抽查法。抽查法是针对学科发展的高峰期，选取一定时间段进行查找的方法。这是利用学科的波浪式发展特点查找文献的一种方法。当学科处于兴旺发展时期，科技成果和发表的文献一般也很多，对这一时期的文献进行抽查，就能获得较多的文献资料。

抽查法针对性强，节省时间，但必须能把握该学科的兴旺发展时期才能使用，否则会影响查准率。

(二) 追溯法

追溯法亦称引文法、扩展法，是指从已知文献后所附的参考文献入手，逐一追查原文，再从此原文后所附的参考文献逐一查找下去，直到获得满意的结果。

一般在已掌握相同或相关内容的主要文献的条件下，或在检索工具不完整时，可以采用追溯法获得相关文献。所依据的主要文献最好是经选择的高质量的专著和论文，以提高检索效果。采用追溯法也会因"参考文献"的局限性产生漏检而影响文献的查全率。

(三) 综合法

综合法又称循环法，它是把上述两种方法综合运用的方法。综合法既要利用检索工具进行常规检索，又要利用文献后所附参考文献进行追溯检索，分期分段地交替使用这两种方法。即先利用检索工具(系统)检到一批文献，再以这些文献末尾的参考目录为线索进行查找，如此循环进行，直到满足要求时为止。

综合法兼有顺查法和追溯法的优点，可以查得较为全面而准确的文献，是实际中采用较多的方法。对于查新工作中的文献检索，可以根据查新项目的性质和检索要求，将上述检索方法融汇在一起，灵活处理。

第四节　文献检索的途径

文献就是能查找和浏览的一切资料的总和。文献的载体包括期刊、书籍、会议记录、政府与商业机构的报告、新闻报纸、学位论文(毕业设计(论文)等)、网络(电子期刊等)、多媒体产品(CD-ROM)等。也就是说，在以上载体所浏览的文章、图表、声音、动画，都属于文献。文献的查找途径主要包括图书馆查询系统的查询方法和网络查询方法。

(一) 图书馆查询系统的查询方法

首先，图书馆对于实证研究者来说是很好的资源，我们可以在图书馆中通过电子查阅的方式查阅到文献所在的具体的库，比如社会科学文献库、自然科学文献库、期刊论文文献库等。在确定的库中一般是按照具体专业和方向来划分的，比如经济类、金融类、管理类等，我们可以根据研究对象来寻找所需要的书或文献；另外，我们可以通过图书馆计算机查询系统查阅到所需要文献的编号，那么系统将会告诉我们该文献所在的库以及该文献的位置。对于实证研究初学者来说，如果遇到交叉学科的研究，我们可以根据所交叉的几个学科来分别查阅文献。

(二) 网络查询方法

随着现代科学技术的发展，资料和信息的来源更为广泛，我们面对的不仅是图书、报纸、杂志等传统的出版物，还包括网络期刊、多媒体产品等。现在以计算机为中心的信息网络发展非常迅速，计算机网络查询提高了文献的搜集、检索的效率。所以，计算机网络查询是实证研究者应充分利用的现代化手段。

一般按照学术资源的内容划分，网上资源可分为如下几种类型。

1. 数据库资源

数据库资源包括网络版或者光盘版的数据库。以下列举一些和金融会计实证研究相关的国内外著名的电子期刊数据库和学位论文、会议文献等其他全文数据库。

1) 电子期刊数据库

(1) SDOS 全文期刊数据库。荷兰 Elsevier Science 出版集团出版的期刊是世界上公认的高质量学术期刊。其电子期刊全文数据库——ScienceDirect OnSite(SDOS)包括 1995 年以来 Elsevier Science 出版集团所属的各出版社(包括 Academic Press)出版的期刊 1500 余种。

SDOS 的网址是：http://www.sciencedirect.com/。

(2) EBSCOhost 全文期刊数据库。EBSCO Publishing 自 1984 年成立至今，一直专注于文献数据库的发展并于 1994 年率先推出网上(Online)全文数据库——EBSCOhost。其中学术期刊数据库(Academic Search Premier)和商业资源数据库(Business Source Premier)对于实证研究非常有用。

Academic Search Premier(ASP)：收录 7000 多种生物科学、工商经济、资讯科技、通信传播、工程、教育、艺术、文学、医药学等领域的期刊，其中近 4000 种全文刊，SCI 收录的核心期刊为 1453 种(含全文刊 350 种)。

Business Source Premier (BSP)：收录 3700 余种内容涉及经济、商业、贸易、金融、企业管理、市场及财会等相关专业领域的学术期刊的索引和文摘，其中包括 2900 余种的全文期刊。

EBSCOhost 的网址是：http：//search.epnet.com。

(3) SpringerLink 电子期刊(全文)。德国施普林格(Springer-Verlag)是世界上著名的科技出版社，它通过 SpringerLink 系统发行电子图书并提供学术期刊检索服务，目前拥有 400 多种电子期刊(全文)，其覆盖的学科范围有生命科学、化学、地球科学、计算机科学、数学、医学、物理与天文学、工程学、环境科学、经济学和法律等。文献全文均以 PDF 格式提供，可下载并浏览其全文。

其网址是：http：//www.springer.com。

(4) ABI。商业信息全文数据库(Abstracts of Business Information/INFORM Global，ABI)，由美国 ProQuest Information and Learning 公司出版，是欧美大学普遍使用的著名商业及经济管理期刊论文数据库。该数据库涉及主题范围有财会、银行、商业、计算机、经济、能源、工程、环境、金融、国际贸易、保险、法律、管理、市场、税收、电信等领域，涉及这些行业的市场、企业文化、企业案例分析、公司新闻和分析、状况和预测等方面资料。

ABI 收录商业方面的期刊 2590 多种，其中 1820 余种期刊有全文和图像，其余的期刊提供文摘；被 SSCI 和 SCI 收录的期刊有 403 种，其中全文期刊 242 种。

ABI 的网址是：http：//proquest.umi.com/。

(5) 中国期刊全文数据库(CJFD)。中国期刊全文数据库(CJFD)是目前世界上最大的连续动态更新的中国期刊全文数据库，积累全文文献 800 万篇，题录 1500 余万条，分九大专辑，126 个专题文献数据库。其包含国内公开出版的 6100 种核心期刊与专业特色期刊的全文。覆盖范围：理工 A(数理化天地生)、理工 B(化学化工能源与材料)、理工 C(工业技术)、农业、医药卫生、文史哲、经济政治与法律、教育与社会科学、电子技术与信息科学。

其网址是：http：//www.cnki.net。

(6) 中、外文科技期刊数据库。中外文科技期刊数据库(维普)由重庆维普资讯有限公司出版。中文科技期刊数据库(全文版)收录了 1989 年至今 12000 余种中文期刊的全文，包括经济管理、教育科学、图书情报、自然科学、农业科学、医药卫生和工程技术等类。外文科技期刊数据库(文摘版)收录了 5000 余种国外重要期刊的文摘。通过维普公司遍布全国的合作单位，可便利地获取原文。

其网址是：http：//www.cqvip.com/。

(7) 万方数据资源系统之数字化期刊。作为国家"九五"重点科技攻关项目，万方数据资源系统目前已经集纳了理、工、农、医、人文等五大类 70 多个类目的 2500 多种科技类核心期刊，实现全文上网，真正成为科技期刊网上出版社。

其网址是：http：//www.wanfangdata.com.cn/。

2) 学位论文、会议文献等其他全文数据库

(1) 中国学位论文全文数据库。该数据库的资源由国家法定学位论文收藏机构——中国科技信息研究所提供，并委托万方数据加工建库，收录了自 1980 年以来我国自然科学领

域博士、博士后及硕士研究生论文,其中文摘已达 30 万余篇,最近三年的论文全文 10 万多篇,每年新增 3 万篇。

其网址是:http://www.istic.ac.cn/。

(2) 中国学术会议论文数据库。中国学术会议论文数据库是国内唯一的学术会议文献全文数据库,包含国家级学会、协会、研究会组织召开的全国性学术会议论文。每年涉及 600 余个重要的学术会议,每年增补论文 15000 余篇。数据范围覆盖自然科学、工程技术、农林、医学等所有领域,收录论文十几万篇。中国学术会议论文数据库既可从会议信息,也可以从论文信息进行查找,是了解国内学术动态必不可少的帮手。

其网址是:http://www.wanfangdata.com.cn/。

(3) 中国优秀博硕士学位论文全文数据库(CDMD)。

中国优秀博硕士学位论文全文数据库(CDMD)是目前国内相关资源最完备、收录质量最高、连续动态更新的中国博硕士学位论文全文数据库,迄今已完成 2000—2003 年 80 000 篇论文的数据加工与入库。每年收录全国 300 家博士培养单位的优秀博/硕士学位论文约 28 000 篇,学科覆盖范围包括理工 A(数理化天地生)、理工 B(化学化工能源与材料)、理工 C(工业技术)、农业、医药卫生、文史哲、经济政治与法律、教育与社会科学、电子技术与信息科学。

其网址是:http://ckrd.cnki.net/

(4) 国务院发展研究中心信息网。

国务院发展研究中心信息网(简称"国研网"),是中国著名的大型经济类专业网站,是向领导者和投资者提供经济决策支持的权威的信息平台。国研网以国务院发展研究中心丰富的信息资源和强大的专家阵容为依托,与海内外众多著名的经济研究机构和经济资讯提供商紧密合作,全面整合中国宏观经济、金融研究和行业经济领域的专家学者以及研究成果。国研网兼具专业性、权威性、前瞻性、指导性和包容性,以先进的网络技术和独到的专业视角,为中国各级政府部门提供关于中国经济政策和经济发展的深入分析和权威预测,为国内外企业家提供中国经济环境、商业机会与管理案例信息,为海内外投资者提供中国宏观经济和行业经济领域的政策导向及投资环境信息,使投资者及时了解并准确把握中国整体经济环境及其发展趋势,从而指导投资决策和投资行为。

其网址是:http://www.drc.gov.cn/。

(5) 中国经济信息网。中国经济信息网(简称"中经网"),是国家信息中心联合各地及部委信息中心组建的、以提供经济信息为主要业务的专业性信息服务网络。中经网继承了国家信息中心长期经济信息工作所积累的信息资源和信息分析经验,将其发展成为丰富的网上信息,以中、英文两个版本为政府部门、企业集团、金融机构、研究机构和海外投资者提供网络经济信息服务。中经网日更新量达到 250 万以上汉字,是互联网上最大的中文经济信息库,是描述和研究中国经济的权威性网站。

其网址是:http://www.cei.gov.cn/。

(6) ProQuest 博士论文 PDF 全文数据库。为满足国内对博士论文全文的广泛需求,中科-亚信协助国内各学术研究单位、高等院校以及公共图书馆,提供 ProQuest 博士论文 PDF 全文的网络共享。为此,中科-亚信协同国内各图书馆组织建立 ProQuest 博士论文中国集团联盟站点。其文摘可以通过博硕士论文数据库(PQDD)查询。

其网址是:http://proquest.calis.edu.cn。

2. 电子图书

电子图书又称 e-book，是将书的内容制作成电子版后，以传统纸制书籍 1/3 至 1/2 的价格在网上出售。购买者用信用卡或电子货币付款后，即可下载使用专用浏览器在计算机上离线阅读。其主要功能有：可以订阅众多电子期刊、书和文档，从网上自动下载所订阅的最新新闻和期刊，显示整页文本和图形，并通过搜索、注释和超链接等增强阅读体验，采用翻页系统(类似于纸制书的翻页)，可随时把网上电子图书下载到电子阅读器上，也可以把自己购买的书和文档存储到电子阅读器上。常见的有如下几种电子图书网站。

(1) 超星电子图书。超星电子图书数据库现有 30 万种各种学科的电子图书。用户在使用时无需注册，只要安装其专用的浏览器即可下载或在线阅读电子图书。

其网址是：http：//www.ssreader.com/。

(2) 书生之家。书生电子图书镜像站已拥有几万本图书的数字信息资源，阅读前必须下载并运行书生阅读器(reader)。下载运行一次即可，以后再读书时，会自动启动 reader 读书。

其网址是：http：//61.153.5.22：88/default.jsp。

(3) SpringerLink 电子丛书。德国施普林格(Springer-Verlag)是世界上著名的科技出版集团，通过 SpringerLink 系统提供其学术期刊及电子图书的在线服务。2002 年 7 月开始，Springer 公司和 EBSCO/Metapress 公司在国内开通了 SpringerLink 服务。

SpringerLink 包含有多套电子丛书，其中包括著名的 Lecture Notes in Computer Science 等经典"讲义系列"，以及历史悠久的 Landolt Börnstein 物理与化学手册等。

其网址是：http：//springer.lib.tsinghua.edu.cn/。

3. 各种学术团体和学术研究机构的网站

企业和商业部门、国际组织和政府部门、行业协会等单位的网址或主页上，可以查到许多非正式"出版"的文献信息。这些信息具有一定的学术参考价值。

4. 学术动态信息

电子邮件、电子会议、电子布告新闻、专题论坛、专家学者个人主页等也包含了一些学术动态信息。

5. 利用搜索引擎直接查找

搜索引擎是比较新的网络工具，也是实证研究初学者必不可少的工具。我们在研究中遇到问题，搜索引擎可以告诉我们在哪里可以找到结果，目前比较常用的几个搜索引擎是：

(1) Google 搜索引擎。

Google 公司的创新搜索技术每天为全球数以亿计的人们提供信息服务。Google 公司于 1998 年由斯坦福大学博士生 Larry Page 和 Sergey Brin 创建。Google 目前已经成为全球最有价值的网络公司之一。

其网址为：http：//www.google.com/。

(2) 百度搜索引擎。百度 2000 年 1 月创立于北京中关村，是全球最大的中文搜索引擎。2000 年 1 月 1 日，公司创始人李彦宏、徐勇携 120 万美元风险投资，从美国硅谷回国，创建了百度公司。2000 年 5 月，百度首次为门户网站——硅谷动力提供搜索技术服务，之后迅速占领中国搜索引擎市场，成为最主要的搜索技术提供商。2001 年 8 月，百度公司发布 Baidu.com 搜索引擎 Beta 版，从后台服务转向独立提供搜索服务，并且在中国首创了竞价排名商业模式，2001 年 10 月 22 日正式发布 Baidu 搜索引擎。

百度的网址是：http：//www.baidu.com/。

(3) 雅虎搜索引擎。20 世纪 90 年代初，搜索引擎的应用起源于少数高校和科研机构中对研究论文的查找。1994 年 4 月，斯坦福大学两位博士生杨致远和 David Filo 共同创办了雅虎，通过著名的雅虎目录为用户提供导航服务。雅虎目录有近 100 万个分类页面，14 个国家和地区语言的专门目录，包括英语、汉语、丹麦语、法语、德语、日语、韩文、西班牙语等。自问世以来，雅虎目录已成为最常用的在线检索工具之一，并成功地使搜索引擎的概念深入人心。

其网址是：http：//www.yahoo.cn/。

(4) 搜狗搜索引擎。搜狗是搜狐公司于 2004 年 8 月 3 日推出的完全以自主技术开发的全球首个第三代互动式中文搜索引擎，是一个具有独立域名——"搜狗"(www.sogou.com)的专业搜索网站。

"搜狗"的问世标志着全球首个第三代互动式中文搜索引擎诞生，是搜索技术发展史上的重要里程碑。搜狗网页搜索是全球首个中文网页收录量达到 40 亿的搜索引擎。

其网址是：http：//www.sogou.com/。

第五节　文献检索的步骤

文献检索是一项实践性很强的活动，它要求我们善于思考，并通过经常性的实践，逐步掌握文献检索的规律，从而迅速、准确地获得所需文献。一般来说，文献检索可分为以下步骤：

(1) 分析问题，明确文献需求；

(2) 选择文献检索工具；

(3) 确定检索途径和检索词，构造检索式；

(4) 调整检索策略；

(5) 根据文献线索，获取全文。

以下具体说明。

(一) 分析问题，明确文献需求

此阶段是整个检索过程中的准备阶段，问题分析得越准确，检索的效果便越好。此阶段应明确需要解决什么问题或课题所属学科范围，需要什么类型的文献信息，文献信息量多大才能满足需要，确定文献检索的年代范围……

例如：课题"改革开放以来我国高校课程改革研究"。

分析：本课题研究的是改革开放后的高校课程改革问题，即研究中国改革开放后的高校课程改革的起因、沿革、现状、影响及相关课改理论等问题。

所需文献信息基本要求见表 3-1。

表 3-1　文献信息基本要求分析

文献信息类别	文献信息内容
时间	改革开放后即 1978 年后的文献资料
地域范围	中国
内　容	a. 高校课程改革的起因 b. 高校课程改革的起因 c. 高校课程改革的影响 d. 高校课程现状及发展趋势 e. 高校课程改革理论
文献类型	期刊、图书、报纸、政府出版物等

(二) 选择文献检索工具

选择检索工具时应从本校现有检索工具的实际情况出发，同时，要确定利用哪些检索工具，以哪种检索工具为重点来查找文献。

检索工具的选择是检索信息的前提，只有选对了检索工具才能进行具体的检索步骤的实施，检索时应根据课题包含的内容来选择检索的网站及数据库，选择恰当与否，直接影响检索效果。

具体来说要考虑到以下几个方面的因素：① 检索工具报道文献的学科专业范围是否对口；② 检索工具所报道的文献类型；③ 检索工具所收录文献的语种；④ 检索工具提供的检索途径。

网络电子文献资源见表 3-2。

表 3-2　网络电子文献资源

类别	内　容
图书	超星数字图书馆、书生之家数字图书馆、中国高等教育 E 图网、Springer
期刊	CNKI、维普、万方、EBSCO、SpringerLink
专利	万方、中国国家知识产权局、欧洲专利局数据库、美国专利商标局数据库
标准文献	万方、中国标准服务网、ISO、IEC 网站
科技报告	中国科技成果数据库、国家科技图书文献中心、美国政府研究中心等
会议论文	CNKI、万方、国家科技图书文献中心、ISTP、中国会议网
学位论文	CNKI、万方、国家科技图书文献中心、PQDT 等学位论文库
政府出版物	各国政府公报、政府网站等
搜索引擎	Google、百度、读秀学术搜索平台

数据库品种繁多，不同数据库类型、结构、内容不尽相同，检索方法也不相同。同一种检索策略和技巧在不同的数据库中会产生不同的检索结果，不同的检索策略和技巧在同一个数据库中也会产生不同的检索结果。因此，了解各文献数据库的不同特点并灵活选择

适当的数据库,才能达到良好的检索结果。选择数据库应该遵循以下原则:

(1) 在分析课题检索的目的的基础上选择数据库。

① 开始某一项研究需要对课题进行全面的文献普查,应选择年限较长,收录较广的相关专业的文献数据库。

② 为解决某个技术难题,查找关键性的技术资料时,可选择工程和技术类数据库或专利数据库。

③ 为贸易与技术引进、合资谈判,了解国外市场、产品与公司的行情时,可查找科学数据库以了解技术的先进性,查找市场、产品、公司等商情数据库以了解对手的情况。

④ 为申报专利或鉴定成果,查找参考依据,以选择国内外专利数据库为主。

⑤ 为撰写论文查找相关文献等,以期刊论文、学位论文等学术研究性的数据库为主。

(2) 明确课题所涉及的学科范围和专业面,根据数据库的主题收录范围进行选择。

(3) 如对文献的新颖性程度有要求,应选择数据更新周期短、速度快的数据库。

(4) 满足检索的查全与查准要求。为满足查全要求,就要普查多种数据库。为快速满足查准要求,应选择主题范围最专指的数据库。

例如:课题"改革开放以来我国高校课程改革研究",从南京工业大学浦江学院图书馆的文献资源出发可选择:

① CNKI、维普、万方等数据库获得相关论文资料;

② 超星数字图书馆:教育专著、教育年鉴、教育结集、资料汇编等教育资料;

③ 相关教育网站:教育统计、教育调查报告、学术会议文件等资料;

④ 政府出版物:相关内容的政策文件;

⑤ 百度。

这个课题选择以"中国期刊全文数据库"为主,同时互联网也可作为主要信息源。

(三) 确定检索途径和检索词,构造检索式

1. 检索途径

通过题名途径、著者途径、分类途径、主题途径和关键词途径等不同的检索途径实现文献的不同角度归类检索。

(1) 题名途径:利用图书、期刊、资料等的题目名称对文献进行检索。

(2) 著者途径:用文献的著作者、编者、译者的姓名或机构团体名称检索特定的个人或团体所生产的文献。

(3) 分类途径:以文献的内容在分类体系中的位置作为文献的检索途径,它的检索标志就是所给定的分类号码。

(4) 主题途径:通过表达文献的内容实质,经过规范化的名词或词组来检索文献,检索时直接按主题词的字顺,像查字典一样,即可查到某个特定主题的文献。

(5) 关键词途径:按照文献题目或内容中具有实际意义并能表述文献的主要内容、起关键作用的词或词组,从关键词的字顺检索系统中检索。

对于文献数据库一般采取主题途径为主、多种检索途径综合运用的原则。

2. 检索词的选择

(1) 直接选词。一般来说，课题名称基本上能反映出检索的主题内容，此时可以直接以课题名称确定主要概念。

例如：课题"模糊变频空调"。

主要检索词：模糊、变频、空调。

检索式：模糊 and 变频 and 空调。

(2) 找出隐含检索词。明确概念之间相互的逻辑关系，找出隐含概念。

例如：课题"灌溉用的橡塑多孔管"。

分析：橡塑多孔管也称为橡塑渗灌管，其主要原料为橡胶粉和塑料。该产品主要用于农林、园艺等方面的灌溉，所以隐含概念为橡胶和塑料。

主要检索词：橡胶、塑料、多孔管、灌溉。

检索式：(橡胶 or 塑料) and 多孔管 and 灌溉。

(3) 泛指概念具体化。例如，课题"唐山综合防灾的研究"。由于唐山是一个城市，因此该项目实际上是"城市综合防灾的研究"。"唐山"可以引申为"城市"，"防灾"引申为"地震、洪水、火灾"。

主要检索词：城市、地震、洪水、火灾。

检索式：城市 and (地震 or 洪水 or 火灾)。

(4) 放弃没有检索意义的词。

① 放弃词义泛指度过大的词，如"展望"、"趋势"、"现状"、"近况"、"动态"、"应用"、"作用"、"利用"、"用途"、"用法"、"开发"、"研究"、"方法"、"影响"、"效率"等。

② 放弃词义延伸过多的词，如"制造"、"制备"、"生产"、"加工"、"工艺"、"提炼"、"精炼"、"提取"、"萃取"、"回收"、"利用"等。

(5) 运用主题概念所表达的上位或下位概念。

上位词指概念上外延更广的主题词，例如："花"是"鲜花"的上位词，"植物"是"花"的上位词。利用上位词，可扩大检索范围。

下位词指概念上内涵更窄的主题词，例如："韧皮纤维"的下位词包括"亚麻"、"大麻"、"黄麻"、"槿麻"、"苎麻"等。利用下位词，可缩小检索范围。

如："加氢裂化防污垢的开发与应用研究"，将"加氢裂化"与"防污垢"组配，结果不理想。概念向上位"石油加工与石油炼制"的概念扩大，再与"防垢剂"组配，完成了课题的要求。

3. 构造检索式

检索式的构造方法，具体步骤可以概括为：

(1) 将课题题目中的实意词选出；

(2) 将最能反映限定课题主题的重点词从中挑选出来；

(3) 将重点词的同义词、近义词析出(即将课题隐含的检索词析出)；

(4) 将最终重点词及它们的同义词、近义词使用布尔逻辑关系组配进行查询。

例如：课题"改革开放以来我国高校课程改革研究"。

主要检索词：课程改革、高校 or 高等院校、中国 or 我国。

构造检索式：课程改革 and(高校 or 高等院校)and(中国 or 我国)。

在中国知网的检索结果如图 3-1 所示。

图 3-1　检索结果

(四) 调整检索策略

根据反馈的检索结果，反复对文献检索式进行调整，直到得到满意的结果。

(1) 对检索结果数量比较少的，可以进行扩检。

通过扩大词语的外延，提高查全率。扩大检索范围的方法有以下几种：

① 增加同义词、相关词，充分利用逻辑"或(or)"将某些主题概念组配起来，以扩大检索范围。

② 减少 and 或 not 的使用次数。

③ 去掉一些次要的、崭新的概念，以及专指度很高或没有把握的某些主题概念。

④ 在文摘或全文字段中检索。

(2) 对检索结果数量过多的，进行缩检，提高查准率。

缩小检索范围的方法有以下几种：

① 将检索词限定在篇名或某字段中。

② 增加一些主题概念加以限制，加入 and 算符。

③ 用时间期限或其他辅助字段来限定。

④ 用 not 算符排除无关概念。

(五) 根据文献线索，获取全文

筛选出的文献检索结果可以分为两类信息：① 提供了直接的原文信息；② 只提供了原文的线索信息的结果，如索引类检索工具。获取原文的方法有以下几种：

(1) 通过校园网查询图书馆的馆藏书目数据库，了解图书馆是否收藏所需中外文期刊图书及其他特种文献，以决定自己是否去图书馆借阅。

(2) 通过查询全文数据库或免费电子文献网站直接获取原文。Internet 全文数据库很多，还有一些免费获取电子文献的站点如 Google，所需文献通过网络能直接获得电子版原文。

(3) 通过馆际互借系统和联合目录及各图书情报机构的公共目录获取原文。馆际互借是指图书馆为了共享信息资源，在馆与馆之间达成馆际互借协议，当本馆的馆藏文献不能满足读者需要时，向对方馆去借本馆未收藏的文献资料，有的还订立了原文网上传递的协议，所涉及的文献也包括期刊论文、科技报告、学位论文、专利文献等多种类型。

馆际互借服务中，大量的服务通过复印、扫描、下载等手段把读者所需的信息复制出来，传递手段除了最传统的邮寄以外，还可以是传真、E-mail 等形式。馆际互借的服务对象也越来越广，高校图书馆除了为本校的师生服务以外，也向社会上的其他单位和用户提供馆际互借的服务。

(4) 利用著者姓名和地址等信息向著者索取原文。大多数外文检索工具的著录款目中有著者姓名。需注意的是：原刊上的著者姓名一般是名在前，姓在后；而检索工具中著者姓名的著录则采用姓在前，名在后(名一般为缩写)的编制形式。

第四章　毕业设计(论文)的开题报告

开题报告，就是当课题方向确定之后，课题负责人在调查研究的基础上撰写的报请上级批准的选题计划。它主要说明这个课题应该进行研究，自己有条件进行研究以及准备如何开展研究等问题，也可以说是对课题的论证和设计。开题报告是提高选题质量和水平的重要环节。

第一节　开题报告的意义

本科生开题报告在研究的深度和广度上小于科研课题的开题报告，一般没有硕博士研究生开题报告要求严格，但是在毕业设计(论文)写作中是必不可少的。其主要意义在于使大学生通过毕业设计(论文)的开题，熟悉科研工作的一般步骤、流程和解决科研课题的思路与方法。同时，通过开题报告，将所选题目的研究现状、选题意义、重难点、创新点、待解决问题、研究方法等进行总体思路的梳理，提高论文选题质量和水平。

开题者通过开题报告环节的进行，将针对课题的各种建议和想法进行整理、归纳、提炼，完善论文结构、充实论文内容、纠正可能错误，促使研究目标更加具体明确，研究方案更加切实可行。研究方案，就是课题确定之后，研究人员在正式开展研究之前制订的整个课题研究的工作计划，它初步规定了课题研究各方面的具体内容和步骤。研究方案对整个研究工作的顺利开展起着关键的作用，尤其是对于我们科研经验较少的人来讲，一个好的方案，可以使我们避免无从下手，或者进行一段时间后不知道下一步干什么的情况，能够保证整个研究工作有条不紊地进行。可以说，研究方案水平的高低，是一个课题质量与水平的重要反映。

第二节　开题报告的格式及撰写

写好开题报告一方面要了解它们的基本结构与写法，但"汝果欲学诗，功夫在诗外"，写好开题报告和研究方案主要还是要做好很多基础性工作。首先，我们要了解别人在这一领域研究的基本情况，研究工作最根本的特点就是要有创造性，熟悉了别人在这方面的研究情况，我们才不会在别人已经研究很多、很成熟的情况下，重复别人走过的路，而会站在别人研究的基础上，去研究更高层次、更有价值的东西；其次，我们要掌握与我们课题相关的基础理论知识，理论基础扎实，研究工作才能有一个坚实的基础，否则，没有理论基础，你就很难深入研究进去，很难有真正的创造。因此，我们进行科学研究，一定要多方面地收集资料，要加强理论学习，这样我们写报告和方案的时候，才能更有把握一些，制定出的报告和方案才能更科学、更完善。

　　毕业设计(论文)开题报告的结构包括：① 选题的目的和意义；② 撰写文献综述；③ 研究的内容及方法；④ 写作大纲与研究计划；⑤ 特色与创新点等。下面对上述项目作一些说明。

(一) 选题的目的和意义

　　选题的目的和意义也就是为什么要研究这个课题，研究它有什么价值。这一般可以先从现实需要方面去论述，指出现实当中存在这个问题，需要去研究、去解决，本论文的研究有什么实际作用，然后再写论文的理论和学术价值。这些都要写得具体一点，有针对性一点，不能漫无边际地空喊口号。选题的目的和意义主要内容包括：① 研究的有关背景(课题的提出)，即根据什么、受什么启发而搞这项研究；② 指出为什么要研究该课题，研究的价值和要解决的问题。

(二) 撰写文献综述

　　综述(review)包括"综"与"述"两个方面。所谓综，就是指作者对占有的大量素材进行归纳整理、综合分析，使文献资料更加精练，更加明确，更加层次分明，更有逻辑性。所谓述，就是对各家学说、观点进行评述，提出自己的见解和观点。填写本栏目实际上是要求开题者(学生)写一篇短小的、有关本课题国内外研究动态的综合评述，以说明本课题是依据什么提出来的，研究本课题有什么学术价值。

　　撰写文献综述最关键的是要弄清楚他人或自己关于此课题已经进行了哪些研究，主要有哪些相关成果(观点、理论、实践成就等)，已经获得了哪些对自己的研究有支持意义的成果，还存在哪些不清楚或未解决的问题，或者还有哪些不足，有待于从哪些方面进一步探索。

1. 文献综述的主体格式

　　综述的主体一般有引言部分、正文部分、总结部分和参考文献。

　　(1) 引言部分。引言用于概述主题的有关概念、定义，综述的范围、有关问题的现状、争论焦点等，使读者对综述内容有一个初步了解。这部分约 200～300 字。

　　(2) 正文部分。正文部分主要用于叙述各家学说，阐明所选课题的历史背景、研究现状和发展方向。其叙述方式灵活多样，没有必须遵循的固定模式，常由作者根据综述的内容自行设计创造。一般可将正文的内容分成几个部分，每个部分标上简短而醒目的小标题。部分的区分也多种多样，有的按国内研究动态和国外研究动态区分，有的按年代区分，有的按问题区分，有的按不同观点区分，有的按发展阶段区分。然而不论采用何种方式，都应包括历史背景、现状评述和发展方向三方面的内容。

　　历史背景方面的内容，应按时间顺序，简述本课题的来龙去脉，着重说明本课题前人研究过没有，研究成果如何，他们的结论是什么。通过历史对比，说明各阶段的研究水平。

　　现状评述又分三层内容：第一，重点论述当前本课题国内外的研究现状，着重评述本课题目前存在的争论焦点，比较各种观点的异同，亮出作者的观点；第二，详细介绍有创造性和发展前途的理论和假说，并引出论据(包括所引文章的题名、作者姓名及体现作者观点的资料原文)。

发展方向方面的内容,应通过纵(向)横(向)对比,肯定本课题目前国内外已达到的研究水平,指出存在的问题,提出可能的发展趋势,指明研究方向,提出可能解决的方法。

正文部分是综述的核心,一般包含 1000~1500 字。

(3) 总结部分(不是必需的)。总结部分要对正文部分的内容作扼要的概括,最好能提出作者自己的见解,表明自己赞成什么,反对什么。要特别交代清楚的是,已解决了什么问题,还存在什么问题有待进一步去探讨、去解决,解决它有什么学术价值,从而突出和点明选题的依据和意义。这一部分的文字不多,与引言相当。

(4) 参考文献。参考文献是综述的原始素材,也是综述的基础,置于开题报告最后面。

2. 文献综述写作步骤

(1) 确立主题。在开题报告中,综述主题就是所开课题名称。

(2) 搜集与阅读整理文献。题目确定后,需要查阅和积累有关文献资料,这是写好综述的基础。因而,要求搜集的文献越多越全越好。常用的方法是通过文摘、索引期刊等检索工具书查阅文献,也可以采用互联网检索等先进的查阅文献方法。有的课题还需要进行科学实验、观察、调查,以取得所需的资料。

阅读整理文献是写好综述的重要步骤。在阅读文献时,必须领会文献的主要论点和论据,做好"读书笔记",并制作文献摘录卡片,用自己的语言写下阅读时所得到的启示、体会和想法,摘录文献的精髓,为撰写综述积累最佳的原始素材。阅读文献、制作卡片的过程,实际上是消化和吸收文献精髓的过程。制作卡片和笔记便于加工处理,可以按综述的主题要求进行整理、分类编排,使之系列化和条理化。最终对分类整理好的资料进行科学分析,写出体会,提出自己的观点。

(3) 撰写成文。撰写综述之前,应先拟定写作提纲,然后写出初稿,待"创作热"冷却后修改成文,最后抄入开题报告表的"综述本课题国内外动态,说明选题依据和意义"栏目内。

3. 撰写综述应注意的事项

(1) 撰写综述时,搜集的文献资料尽可能齐全,切忌随便收集一些文献资料就动手撰写,更忌讳阅读了几篇中文资料,便拼凑成一篇所谓的综述。

(2) 综述的原始素材应体现一个"新"字,亦即必须有最近最新发表的文献,一般不将教科书、专著列入参考文献。

(3) 坚持材料与观点的统一,避免介绍材料太多而议论太少,或者具体依据太少而议论太多,要有明显的科学性。

(4) 综述的素材来自前人的文章,必须忠于原文,不可断章取义,不可歪曲前人的观点。

(三) 研究的内容及方法

1. 研究的内容与拟解决的主要问题

相对于选题的意义而言,研究的内容与拟解决的主要问题是比较具体的。毕业设计(论文)选题想说明什么主要问题,结论是什么,在开题报告中要作为研究的基本内容给予粗略但必须是清楚的介绍。研究的基本内容可以分几部分介绍。

在确定研究内容的时候，往往存在的主要问题是：① 只有课题而无具体研究内容；② 研究内容与课题不吻合；③ 课题很大而研究内容却很少；④ 把研究的目的、意义当作研究内容。

基本内容一般包括：① 对论文名称的解说，应尽可能明确三点：研究的对象、研究的问题、研究的方法；② 本论文写作有关的理论、名词、术语、概念的解说。

2. 拟采用的研究方法

选题不同，研究方法则往往不同。研究方法是否正确，会影响到毕业设计(论文)的水平，甚至成败。在开题报告中，学生要说明自己准备采用什么样的研究方法，比如调查研究中的抽样法、问卷法，论文论证中的实证分析法、比较分析法等。写明研究方法及措施，是要争取在这些方面得到指导老师的指导或建议。

1) 课题研究的基本方法

研究方法主要有观察法、调查法、实验法、文献研究法、实验研究法、定量分析法、定性分析法、跨学科研究法、个案研究法、功能分析法、模拟法、探索性研究法、信息研究法、经验总结法、描述性研究法、数学方法、思维方法等。

① 调查法。调查法是科学研究中最常用的方法之一，它是有目的、有计划、有系统地搜集有关研究对象现实状况或历史状况的材料的方法。调查法是科学研究中常用的基本研究方法，它综合运用历史法、观察法等方法以及谈话、问卷、个案研究、测验等科学方式，对教育现象进行有计划的、周密的和系统的了解，并对调查搜集到的大量资料进行分析、综合、比较、归纳，从而为人们提供规律性的知识。

调查法中最常用的是问卷调查法，它是以书面提出问题的方式搜集资料的一种研究方法，即调查者将调查项目编制成表式，分发或邮寄给有关人员，请被调查者填写答案，然后回收整理、统计和研究。

② 观察法。观察法是指研究者根据一定的研究目的、研究提纲或观察表，用自己的感官和辅助工具去直接观察被研究对象，从而获得资料的一种方法。科学的观察具有目的性和计划性、系统性和可重复性。在科学实验和调查研究中，观察法具有如下几个方面的作用：扩大人们的感性认识；启发人们的思维；导致新的发现。

③ 实验法。实验法是通过主支变革、控制研究对象来发现与确认事物间的因果联系的一种科研方法。其主要特点是：第一、主动变革性。观察与调查都是在不干预研究对象的前提下去认识研究对象，发现其中的问题。而实验却要求主动操纵实验条件，人为地改变对象的存在方式、变化过程，使它服从于科学认识的需要。第二、控制性。科学实验要求根据研究的需要，借助各种方法技术，减少或消除各种可能影响科学的无关因素的干扰，在简化、纯化的状态下认识研究对象。第三，因果性。实验以发现、确认事物之间的因果联系的有效工具和必要途径。

④ 文献研究法。文献研究法是根据一定的研究目的或课题，通过调查文献来获得资料，从而全面地、正确地了解掌握所要研究问题的一种方法。文献研究法被广泛应用于各种学科研究中。其作用有：能了解有关问题的历史和现状，帮助确定研究课题；能形成关于研究对象的一般印象，有助于观察和访问；能得到现实资料的比较资料；有助于了解事物的

全貌。

⑤ 实证研究法。实证研究法是科学实践研究的一种特殊形式。它依据现有的科学理论和实践的需要，提出设计，利用科学仪器和设备，在自然条件下，通过有目的、有步骤的操作，观察、记录、测定与此相伴随的现象的变化，以确定条件与现象之间的因果关系。主要目的在于说明各种自变量与某一个因变量的关系。

⑥ 定量分析法。在科学研究中，通过定量分析法可以使人们对研究对象的认识进一步精确化，以便更加科学地揭示规律，把握本质，理清关系，预测事物的发展趋势。

⑦ 定性分析法。定性分析法就是对研究对象进行"质"的方面的分析，具体地说是运用归纳和演绎、分析与综合以及抽象与概括等方法，对获得的各种材料进行思维加工，从而能去粗取精、去伪存真、由此及彼、由表及里，达到认识事物本质、揭示内在规律的目的。

⑧ 跨学科研究法。跨学科研究法是运用多学科的理论、方法和成果从整体上对某一课题进行综合研究的方法，也称"交叉研究法"。科学发展运动的规律表明，科学在高度分化中又高度综合，形成统一的整体。据有关专家统计，现在世界上有 2000 多种学科，而学科分化的趋势还在加剧，但同时各学科间的联系愈来愈紧密，在语言、方法和某些概念方面，有日益统一化的趋势。

⑨ 个案研究法。个案研究法是认定研究对象中的某一特定对象，加以调查分析，弄清其特点及其形成过程的一种研究方法。个案研究有三种基本类型：个人调查，即对组织中的某一个人进行调查研究；团体调查，即对某个组织或团体进行调查研究；问题调查，即对某个现象或问题进行调查研究。

⑩ 功能分析法。功能分析法是社会科学用来分析社会现象的一种方法，是社会调查常用的分析方法之一。它通过说明社会现象怎样满足一个社会系统的需要(即具有怎样的功能)来解释社会现象。

⑪ 模拟法(模型方法)。模拟法是先依照原型的主要特征，创设一个相似的模型，然后通过模型来间接研究原型的一种形容方法。根据模型和原型之间的相似关系，模拟法可分为物理模拟和数学模拟两种。

⑫ 探索性研究法。探索性研究法是高层次的科学研究活动。它用已知的信息，探索、创造新知识，产生出新颖而独特的成果或产品。

⑬ 信息研究法。信息研究法是利用信息来研究系统功能的一种科学研究方法。美国数学家、通信工程师、生理学家维纳认为，客观世界有一种普遍的联系，即信息联系。当前，正处在"信息革命"的新时代，有大量的信息资源可以开发利用。信息研究法就是根据信息论、系统论、控制论的原理，通过对信息的收集、传递、加工和整理获得知识，并应用于实践，以实现新的目标。信息研究法是一种新的科研方法，它以信息来研究系统功能，揭示事物的更深一层次的规律，帮助人们提高和掌握运用规律的能力。

⑭ 经验总结法。经验总结法是通过对实践活动中的具体情况进行归纳与分析，使之系统化、理论化，上升为经验的一种方法。总结推广先进经验是人类历史上长期运用的较为行之有效的领导方法之一。

⑮ 描述性研究法。描述性研究法是一种简单的研究方法，它将已有的现象、规律和理论通过自己的理解和验证，给予叙述并解释出来。它是对各种理论的一般叙述，更多的是

解释别人的论证，但在科学研究中是必不可少的。它能定向地提出问题，揭示弊端，描述现象，介绍经验，它有利于普及工作。它的实例很多，有带揭示性的多种情况的调查，有对实际问题的说明，也有对某些现状的看法等。

⑯　数学方法。数学方法在撇开研究对象的其他一切特性的情况下，用数学工具对研究对象进行一系列量的处理，从而作出正确的说明和判断，得到以数字形式表述的成果。科学研究的对象是质和量的统一体，它们的质和量是紧密联系，质变和量变是互相制约的。要达到真正的科学认识，不仅要研究质的规定性，还必须重视对它们的量进行考察和分析，以便更准确地认识研究对象的本质特性。数学方法主要有统计处理和模糊数学分析方法。

⑰　思维方法。思维方法是人们正确进行思维和准确表达思想的重要工具。在科学研究中最常用的科学思维方法包括归纳演绎、类比推理、抽象概括、思辨想象、分析综合等，它们对于一切科学研究都具有普遍的指导意义。

2)　课题研究方法的使用与选择

科研方法有多种：有以一种为主、多法综合运用的；有多法并用、交替使用、各法互补的；也有单一方法的，但较少。不同类型的研究课题研究方法不同，可以从不同角度、按照不同的标准选择研究方法。

(四) 写作大纲与研究计划

1. 撰写写作大纲

写作大纲呈现整篇论文的结构及构思，用以说明其预定的研究目的以及完成此论文的步骤。

(1) 撰写写作大纲的意义。撰写写作大纲的意义在于理顺思路、理顺材料、理顺结构，形成写作时的纲领。

(2) 撰写大纲的步骤。

①　确定论文提要，再加进材料，形成全文的概要。论文提要是论文提纲的雏形。把论文的题目和大标题、小标题列出来，再把选用的材料插进去，就形成了论文内容的提要。

②　原稿纸页数的分配。

写好毕业设计(论文)提要后，要根据论文的内容考虑篇幅的长短，即论文的各个部分大体上要写多少字。如计划写20页原稿纸的论文，考虑序论用1页，本论用17页，结论用1～2页。本论部分再进行分配，如本论共有四项，第一项可以有3～4页，第二项有4～5页，第三项有3～4页，第四项有6～7页。毕业设计(论文)的长短一般规定为10 000字左右。

③　编写写作大纲。论文提纲可分为简单提纲和详细提纲两种。简单提纲是高度概括的，只提示论文的要点，不涉及如何展开。这种提纲虽然简单，但由于它是经过深思熟虑形成的，写作时能顺利进行。详细提纲则把论文的主要论点和展开部分较为详细地列出来。简单提纲和详细提纲都是论文的骨架和要点，选择哪一种，要根据作者的需要。

(3) 撰写写作大纲的一般流程。

①　先拟标题；

②　写出总论点；

③ 考虑全篇总的安排，从几个方面，以什么顺序来论述总论点，这是论文结构的骨架；

④ 大的项目安排妥当之后，再逐个考虑每个项目的下位论点，直到段一级，写出段的论点句(即段旨)；

⑤ 依次考虑各个段的安排，把准备使用的材料按顺序编码，以便写作时使用；

⑥ 全面检查，作必要的增删。

(4) 撰写写作大纲时应注意的事项。

① 推敲题目是否恰当，是否合适。

② 推敲提纲的结构。先围绕所要阐述的中心论点或者说明的主要议题，检查划分的部分、层次和段落是否可以充分说明问题，是否合乎道理；各层次、段落之间的联系是否紧密，过渡是否自然。

③ 先进行客观总体布局的检查，再对每一层次中的论述秩序进行"微调"。

④ 毕业设计(论文)的基本结构由序论、本论、结论三大部分组成。序论、结论这两部分在提纲中应比较简略。本论则是全文的重点，是应集中笔墨写深写透的部分，因此在提纲中也要列得较为详细。本论部分至少要有两层标准，层层深入，层层推理，以便体现总论点和分论点的有机结合，把论点讲深讲透。

2. 撰写研究计划

论文的研究计划，也就是论文写作在时间和顺序上的安排。论文的研究计划要充分考虑研究内容的相互关系和难易程度，一般情况下，都是从基础问题开始，分阶段进行，每个阶段从什么时间开始，至什么时间结束都要有规定。研究的主要步骤和时间安排包括：整个研究拟分为哪几个阶段；各阶段的起止时间；各阶段要完成的研究目标、任务；各阶段的主要研究步骤；每个阶段研究工作的日程安排等。

(五) 特色与创新点

论文的特色与创新是对学位论文的基本要求，是学位被授予者创新精神、创新能力和创新思维在学位论文中的具体体现，最终表现为理论上或实践上的价值。

对研究现状基本上无分析、新旧不清、他人成果和自己成果混淆、把延伸和体会视为结论、对创新点的理解太随意、数据不充分等问题都是创新不足的体现。本科毕业设计(论文)要求运用所学的基本理论、基本方法和基本技能，结合社会调查、专业实践以及专业书刊知识的积累，对所选择的研究问题在某一方面有自己的认识、看法、角度，或者论述更全面、更深入。在某一点上有不同，写出了自己的见解，就可视为独立的创新。

第五章　毕业设计(论文)的撰写

毕业设计(论文)是本科学生培养质量和学术水平的集中体现，高质量、高水平的毕业设计(论文)不仅体现在研究的内容和研究成果的水平上，而且在表达方式上也有一定的规范性和严谨性。本科毕业设计(论文)的撰写一般由标题、摘要、关键词、目录、引言、正文、结论、致谢、参考文献、注释、附录按顺序编排，论文字数一般在一万字以上。

第一节　标题、摘要和关键词的撰写

(一) 标题的撰写

毕业设计(论文)标题应简短、明确、有概括性，论文题目是文章内容的高度概括，是文章内容的"窗口"，是用文字告诉读者自己所要阐述的是什么问题，使读者大致了解论文的内容、专业特点和学科范畴。

拟定标题，应达到准确性、简洁性和鲜明性的基本要求。

(1) 准确性。准确性就是用词要恰如其分，反映实质，表达出研究的范围和达到的深度。例如，"不锈钢的机械性质研究"这类标题就欠准确。

(2) 简洁性。简洁性是指在能把内容表达清楚的前提下，标题越短越好(20 汉字之内)，以便记忆。例如"关于采用变位方法减轻啮合冲击能量以降低齿轮传动噪声的机理研究"，标题字 30 个，语句过长，不简洁，可改为"齿轮变位法降低噪声的机理研究"。

(3) 鲜明性。鲜明性就是一目了然，不费解，无歧义，便于引证和分类。在拟定文章标题时必须注意让他人分得清文章的所属范畴和研究方向，为情报管理和检索提供方便。例如，"机床特性研究"不鲜明，可改为"车床动态特性研究"。

毕业设计(论文)标题字数要恰当，不宜超过 20 字，题目过长时可加设副标题，副标题前加破折号，即"XXXXXXXX——XXXXXXXX"。副标题需另起一行与主标题居中对齐。

毕业设计(论文)题目格式方面需按中、外(英)文分别列示。中文标题为二号黑体，居中，标题前空一行。中文标题在中文"摘要"二字之上，之间空一行。外(英)文标题置于中文标题摘要的下一页。外(英)文标题为二号新罗马字体，居中，标题的段前段后各空一行。外(英)文标题与中文标题应在内涵上一致。此外，正文中若未设"引论"条次的标题，正文前也可冠以论文题目。

(二) 摘要的撰写

摘要是毕业设计(论文)的重要组成部分，主要是对论文内容进行简单的介绍。虽然摘要都放在论文开头部分，但实际写作中都是在正文完成后才写的。摘要能够方便读者检索、筛选，对于提升文献利用率有重要作用。

1. 论文摘要的作用

摘要也就是内容提要，是论文中不可缺少的一部分。论文摘要是一篇具有独立性的短文，有其特别的地方。它建立在对论文进行总结的基础之上，用简单、明确、易懂、精辟的语言对全文内容加以概括，留主干去枝叶，提取论文的主要信息。作者的观点、论文的主要内容、研究成果、独到的见解，这些都应该在摘要中体现出来。

2. 论文摘要的规范要求

毕业设计(论文)的摘要有特定的规范要求，写毕业设计(论文)的摘要应做到以下几点：

(1) 简洁。摘要一般要有中文摘要和与之对应的外文摘要。中文摘要一般不宜超过200～300字，外文摘要不宜超过250个实词，所以摘要要排除相关学科领域内常识性的内容，要力避引证和举例，要准确使用名词术语，恰当使用缩略语等。

(2) 完整。摘要应具有独立性和自含性，即摘要本身有论点、有论据、有结论，合乎逻辑，是一篇结构完整的短文。读者不读论文全文，仅读摘要仍然可以理解论文的主要内容、作者的新观点和想法、课题所要实现的目的、采取的方法、研究的结果与结论。

(3) 准确。摘要的内容与论文的内容要对应、相称，不要在摘要中传达论文未涉及的信息，也不要让摘要不包含论文的重要内容，以保证摘要准确无误地传达论文的主旨。

3. 论文摘要的四要素

目的、方法、结果和结论称为摘要的四要素。

(1) 目的。目的是指出研究的范围、目的、重要性、任务和前提条件，不是主题的简单重复。

(2) 方法。方法是指简述课题的工作流程，研究了哪些主要内容，在这个过程中都做了哪些工作，包括对象、原理、条件、程序、手段等。

(3) 结果。结果是指陈述研究之后重要的新发现、新成果及价值，包括通过调研、实验、观察取得的数据和结果，并剖析其不理想的局限部分。

(4) 结论。结论是指通过对这个课题的研究所得出的重要结论，包括从中取得证实的正确观点，进行分析研究后比较预测其在实际生活中运用的意义，以及理论与实际相结合的价值。

4. 摘要的撰写步骤

摘要作为一种特殊的陈述性短文，书写的步骤也与普通类型的文章有所不同。摘要的写作时间通常在论文完成之后，但也可以采用提早写的方式，然后再边写论文边修改摘要。

首先，从摘要的四要素出发，通读论文全文，仔细将文中的重要内容一一列出，特别是每段的主题句和论文结尾的归纳总结，保留梗概与精华部分，提取用于编写摘要的关键信息。

然后，看这些信息能否完全、准确地回答了摘要的四要素所涉及的问题，并要求语句精练。若不足以回答这些问题，则重新阅读论文，摘录相应的内容进行补充。

最后，将这些零散信息组成符合语法规则和逻辑规则的完整句子，再进一步组成通畅的短文，通读此短文，反复修改，达到摘要的要求。

5. 摘要写作的注意事项

(1) 摘要中应排除本学科领域已成为常识的内容；切忌把应在引言中出现的内容写入摘要；一般也不要对论文内容作诠释和评论(尤其是自我评价)。

(2) 不得简单重复题名中已有的信息。比如一篇文章的题名是《几种中国兰种子试管培养根状茎发生的研究》，摘要的开头就不要再写："为了……，对几种中国兰种子试管培养根状茎的发生进行了研究"。

(3) 结构严谨，表达简明，语义确切。摘要先写什么，后写什么，要按逻辑顺序来安排。句子之间要上下连贯，互相呼应。摘要慎用长句，句型应力求简单。每句话要表意明白，无空泛、笼统、含混之词。但摘要毕竟是一篇完整的短文，电报式的写法亦不足取。摘要不分段。

(4) 用第三人称。建议采用"对……进行了研究"、"报告了……现状"、"进行了……调查"等记述方法标明一次文献的性质和文献主题，不必使用"本文"、"作者"等作为主语。

(5) 要使用规范化的名词术语，不用非公知公用的符号和术语。新术语或尚无合适中文术语的，可用原文或译出后加括号注明原文。

(6) 除了实在无法变通以外，一般不用数学公式和化学结构式，不出现插图、表格。

(7) 不用引文，除非该文献证实或否定了他人已出版的著作。

(8) 缩略语、略称、代号，除了相关专业的读者也能清楚理解的以外，在首次出现时必须加以说明。

6. 关于英文摘要的注意事项

(1) 英文摘要的写作方法要依据公认的写作规范。
(2) 尽量使用简单句，避免句型单调，表达要求准确完整。
(3) 正确使用冠词。
(4) 使用标准英语书写，避免使用口语，应使用易于理解的常用词，不用生僻词汇。
(5) 作者所做工作用过去时，结论用现在时。
(6) 多使用被动语态。
(7) 专业词汇要准确。

7. 论文摘要的格式

中英文摘要应当单独设页，摘要的标题应为"摘要"，"摘要"两字间空两格，中文"摘要"二字为小三号黑体，不加粗，居中，摘要与标题前空一行，摘要二字占一行，居中，段前段后各空一行，结尾处无标点符号。摘要内容的版面设置与正文相同。摘要字数在300字左右，用小四宋体，首行缩进 2 个字符，摘要正文为 1.5 倍行距。

英文摘要的英文标示词用"Abstract"，小三号新罗马字体，不加粗，占一行，居中，自身占一行，段前段后各空一行，结尾处无标点符号。摘要内容与中文一致，英文摘要内容按小四号新罗马字体，首行缩进 2 个字符，英文摘要正文为 1.5 倍行距，如图 5-1、图 5-2 所示。

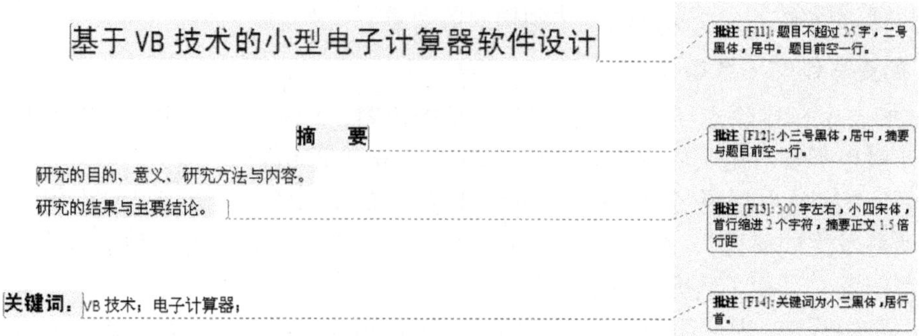

基于 VB 技术的小型电子计算器软件设计

批注 [F11]: 题目不超过 25 字，二号黑体，居中。题目前空一行。

摘 要

批注 [F12]: 小三号黑体，居中，摘要与题目前空一行。

研究的目的、意义、研究方法与内容。
研究的结果与主要结论。

批注 [F13]: 300 字左右，小四宋体，首行缩进 2 个字符，摘要正文 1.5 倍行距

关键词：VB 技术；电子计算器；

批注 [F14]: 关键词为小三黑体，居行首

图 5-1 中文标题、摘要、关键词案例

Base on ......

批注 [x15]: 二号新罗马字体，居中，题目前空一行

Abstract

批注 [x16]: 小三新罗马字体，居中，与题目空一行

A new kind sandwich structure(300 个单词左右).

批注 [x17]: 小四新罗马字体，首行缩进 2 个字符。摘要正文 1.5 倍行距

Key Words: VB; electronic calculator

批注 [x18]: 小三新罗马字体，居行首
批注 [x19]: 小四新罗马字体，用分号隔开

图 5-2 英文标题、摘要、关键词案例

（三）关键词的撰写

为了文献标引工作，从论文中选出来用以表示全文主题内容信息的单词术语，叫关键词。每篇论文选取 3～8 个词作为关键词，以显著的字符另起一行，排在摘要的左方。如有可能，尽量用《汉语主题词表》等词表提供的规范词。为了国际交流，应标注与中文对应的英文关键词。

关键词通常从论文中选取。在完成论文写作后，纵观全文，选出能表达论文主要内容的信息或词汇。这些信息或词汇，可以从论文标题中选择，也可以从论文内容中寻找。通常选择出现频率较多的重要词语，作为文章的关键词。关键词的标注必须是单一的概念，切忌复合概念。

1. 关键词选取易出现的问题

一般来说有以下几种关键词拟定不当的情况。

(1) 关键词全部摘自标题短词。将标题按意义分拆。如题目为"新常态下引导大学生树立理性创业观念的研究"，初拟关键词为"新常态"、"大学生"、"理性创业观念"、"研究"，这就是典型的分拆型关键词。

(2) 关键词不是重要的实词。如"研究"、"探索"、"动力"等不宜作为关键词。

(3) 关键词顺序不当。关键词顺序应当遵照重要程度从高到低排列。

(4) 关键词不是通用词。比如"双师双能型"，双师是职业教育研究中已经提出的比较认可的概念，但是"双师双能型"作为关键词就不太妥当。

2. 关键词选取的原则

如何拟定论文的关键词呢？首先需要明白关键词所发挥的作用。在信息高度发达的今

天，关键词最重要的作用是方便被检索，增加论文的影响力。因此，挑选关键词的时候一定要符合以下几个原则：

(1) 论文中出现最多的主题词。

(2) 论文的核心概念。

(3) 使用最为广泛的实词。

(4) 避免生僻自造词。

3. 关键词选取的方法

(1) 根据论文的标题提取关键词。事实上，论文的标题不仅说明了本文所要表达的内容，更是表达了文章的核心思想。论文的功效是解决实际问题，因此具有功能性，而关键词更是别人在搜索时的重要依据，因此，关键词的设定可以从论文的标题中提取，如"机械发展的预测"，可以提取机械发展。

(2) 根据论文的主题来提炼关键词。论文的主题，就是论文要论证的东西、研究的方向，这个方向就是关键所在，无论是你的论据，还是假设，还是最终论述的观点结果，都可以是关键词。

(3) 关键词数量不宜过多。关键词一般有 3～8 个，并且排在"摘要"的左下方。关键词是为了满足文献标引或检索工作的需要而从论文中选取出的词或词组，因此要求具有一定的规范，如果该词汇在相关文献中没有被收录，一般不要选取。

文章关键词提取应该根据关键程度选取，而且最好不要过于集中。因为论文字数多，信息量也大，相关的内容也比较多，因此关键词的选取并不太容易，大家可以根据关键程度加以大致排序，选择最关键的词汇。同时，关键词一定不要在一段文章中反复出现，否则选择适当程度就会有失偏颇，如果分布在整个文章中最好。

4. 关键词撰写的格式

关键词的词条应为通用词汇，不得自造关键词。关键词必须反映出论文所属学科和论文的基本信息。关键词应为术语，一般不包括人名、地名、一般性的词汇(如措施、对策、发展、我国、江苏、关系等)，按其外延层次(学科目录分类)由高至低顺序排列。中文"关键词"应当排在"摘要"正文下一自然段。"关键词"居行首，小三号黑体，不加粗，后接冒号"："。各个关键词用小四号宋体，其间用分号"；"分隔，段前空一行。

"英文摘要及关键词"的翻译信息应在"中文摘要及关键词"页后另起一页。英文关键词排在英文摘要正文下一自然段。英文用"Key Words"，小三号字体，加粗，左顶格对齐，后接英文状态下的冒号"："。各个关键词用小四号字体，其间用英文状态下的分号"；"分隔。第一个关键词的第一个字母大写，段前空一行，如图 5-1、图 5-2 所示。

第二节　目录和引言的撰写

(一) 目录的撰写

目录由文序号、名称和页码组成，另起一页排在摘要之后。目录一般列至三级标题，以阿拉伯数字分级标出。目录内容应当层次清晰，并与正文题序层次、标题内容完全一致。

目录主要包括引言(或导论、绪论)、正文主体(一般只到三级标题)、结语(或结论)、主要参考文献、附录和后记等项。

目录应单设一页。“目录”两字间空两格，三号黑体，不加粗，占一行，居中，“目录”二字前后各空一行，结尾处无标点符号。目录下各项内容应标明与论文正文中相应内容相互对应的页序，标题与页序之间的空格应当用中圆点填充。目录内容用小四宋体，1.5 倍行距。摘要至目录用小写罗马数字编写页码，从正文开始用阿拉伯数字编写页码。目录各项相应页序统一为右顶格对齐，详见图 5-3。

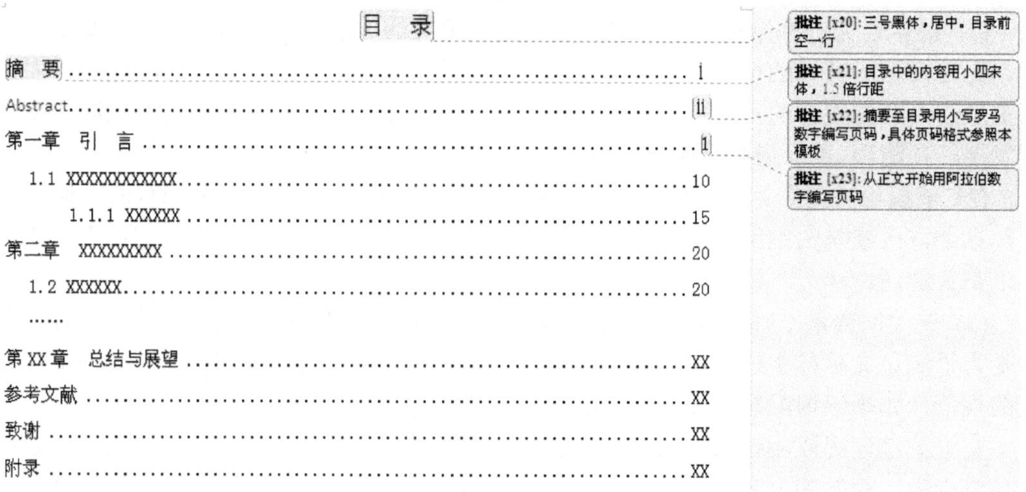
目　录

摘　要……………………………………i
Abstract……………………………………ii
第一章　引　言……………………………………1
1.1 XXXXXXXXXXXX……………………………………10
1.1.1 XXXXXX……………………………………15
第二章　XXXXXXXXX……………………………………20
1.2 XXXXXX……………………………………20
……
第 XX 章　总结与展望……………………………………XX
参考文献……………………………………XX
致谢……………………………………XX
附录……………………………………XX

批注 [x20]: 三号黑体，居中。目录前空一行
批注 [x21]: 目录中的内容用小四宋体，1.5 倍行距
批注 [x22]: 摘要至目录用小写罗马数字编写页码，具体页码格式参照本模板
批注 [x23]: 从正文开始用阿拉伯数字编写页码

图 5-3　目录格式与要求案例

(二) 引言的撰写

论文引言，是正文前面的一段短文。所谓的引言就是为论文的写作立题，目的是引出下文。一篇论文只有“命题”成立，才有必要继续写下去，否则论文的写作就失去了意义。

引言是论文的开场白，目的是向读者说明本研究的来龙去脉，吸引读者对本篇论文产生兴趣，对正文起到提纲挈领和引导阅读兴趣的作用。在写引言之前首先应明确几个基本问题：你想通过本文说明什么问题？有哪些新的发现，是否有学术价值？一般读者读了引言以后，可清楚地知道作者为什么选择该题目进行研究。为此，在写引言以前，要尽可能多地了解相关的内容，收集前人和别人已有工作的主要资料，说明本研究设想的合理性。

1. 引言应包括的内容

引言作为论文的开头，以简短的篇幅介绍论文的写作背景和目的，缘起和提出研究要求的现实情况，以及相关领域内前人所做的工作和研究的概况，说明本研究与前人工作的关系，目前的研究热点、存在的问题及作者的工作意义，引出本文的主题给读者以引导。

引言也可点明本文的理论依据、实验基础和研究方法，简单阐述其研究内容；三言两语预示本研究的结果、意义和前景，但不必展开讨论。引言在内容上应包括：进行这项研究的原因，立题的理论或实践依据，拟创新点，理论与(或)实践意义。写毕业设计(论文)首先要适当介绍历史背景和理论根据，前人或他人对本课题的研究进展和取得的成果及在学术上是否存在不同的学术观点。明确地告诉读者你为什么要进行这项研究，语句要简洁、开门见山。如果研究的项目是别人从未开展过的，这时创新性是显而易见的，要说明研究的创新点。但大部分情况下，研究的项目是前人开展过的，这时一定要说明此研究与彼研究的不同之处和本质上的区别，而不是单纯地重复前人的工作。

2. 引言的写作方法

(1) 开门见山，不绕圈子。避免大篇幅地讲述历史渊源和立题研究过程。

(2) 言简意赅，突出重点。不应过多叙述同行熟知的及教科书中的常识性内容，确有必要提及他人的研究成果和基本原理时，只需以参考引文的形式标出即可。在引言中提示本文的工作和观点时，意思应明确，语言应简练。

(3) 回顾历史要有重点。内容要紧扣文章标题，围绕标题介绍背景，用几句话概括即可。在提示所用的方法时，不要求写出方法、结果，不要展开讨论。虽可适当引用过去的文献内容，但不要长篇罗列，不能把引言写成该研究的历史发展，也不能写成文献小综述，更不要去重复说明那些教科书上已有，或本领域研究人员所共知的常识性内容。

第三节 正文的撰写

正文是本科生毕业设计(论文)的主体和核心部分，是作者学术水平和科研成果的具体反映和体现。作者在这部分对所研究的课题应作充分、全面、有说服力的论述，提出有创造性的见解。正文应该结构合理，层次清楚，重点突出，文字简练、通顺。理学、工学的学位论文主体应包括研究内容的总体方案设计及论证、可行性分析、理论分析、实验结果及数据处理分析等。管理学和人文社会学科的论文主体应包括对研究问题的论述及系统分析，比较研究，模型或方案设计，案例论证或实证分析，模型运行的结果分析或建议、改进措施等。

(一) 正文的写作模式分类

按研究方法划分，有理论型论文、综述型论文、描述型论文、实验型论文、设计型论文。其正文写作模式大体如下。

1. 理论型论文的正文写作

其常见的结构形式有：

(1) 证明式。即给出定理、定义，然后证明。

(2) 剖析式。即将原理或理论分解为一些方面，逐项研究。

(3) 运用式。即先给出公式、方程或原理，然后进行计算推导，最后运用于实例进行测定。

2. 综述型论文的正文写作

其常见的结构形式有：

(1) 时间式。即以时间先后和事物发展过程为顺序的结构。

(2) 空间式。即以事物的方位和构成部分为顺序的结构。

(3) 归类式。即以事物的性质、内容归类为序的结构。

(4) 现象本质式。即先摆出观察的现象和有关资料，然后进行分析，找出本质和规律的结构。

3. 描述型论文的正文写作

描述型论文的正文大都有描述和讨论两个部分。描述部分的主要内容有：新属种的名称、产地、形态特征、生活环境、分布等。讨论部分的内容主要是进行比较分析，即与相邻近的属种进行比较，说明它们的主要区别，指出新属种的意义和价值。

4. 实验型论文的正文写作

实验型论文的正文部分一般有材料和方法、实验结果、分析和讨论三个部分。在具体写作时，有时把实验方法和实验结果合为一个部分，有时把实验结果和分析讨论合为一个部分，有时只需要实验结果和分析讨论，有时只需要实验方法和实验结果。

(1) 材料和方法。

写"材料和方法"是为了向读者介绍获得成果的手段和途径。一般来说，要获得创造性研究成果，首先要有创造性的实验和方法。

"材料和方法"的内容包括介绍实验用的材料；介绍实验的设备、装置和仪器，包括它们的名称、型号、精度、性能等；介绍实验的方法和过程，包括创造性的观察方法、实验过程中出现问题的处理方法、操作应注意的问题等。

写作这一部分内容的原则是，提供给读者重复该实验所必需的信息。

(2) 实验结果。

实验结果是实验过程中所观察到的现象和数据。这是实验型论文的核心内容。

"实验结果"部分包括实验的产品，实验过程中所观察到的现象，实验仪器记录的图像和数据，以及对上述现象、数据进行初步统计和加工后的有关资料等。

写作这部分内容的要求是要准确、精细；论文中写的结果要经过认真的处理和选择；实验结果要按一定的逻辑顺序编排；实验结果应尽量通过图表表达。

(3) 分析和讨论。分析和讨论就是对实验方法和结果进行的综合分析和研究。只有通过分析和讨论，才能获得对实验方法和结果的规律性认识。作者创造性的发现和见解主要是通过分析和讨论部分表现出来的。

5. 设计型论文的正文写作

设计型论文的正文一般由设计说明书、设计图组成。设计说明书要写明实地情况、造型情况、选材情况、效益分析、使用说明等，这是设计型论文的主体；设计图是设计师的语言，它反映了设计的主要成果，是指导工程实施的依据，它与设计说明书密切配合、相辅相成。设计图纸可置于正文中，也可集中放在附录里。

（二）正文的格式要求

正文字数一般不低于 1 万字。具体格式及要求如下：

第一章　黑体小三号　　　　　　　　（一级标题）

1.1　　　黑体四号　　　　　　　　　（二级标题）

1.1.1　　黑体小四号　　　　　　　　（三级标题）

　　　　　宋体小四号　　　　　　　　（正文）

黑体五号	(表题与图题)
黑体小三号	(参考文献)
宋体五号、单倍行距	(参考文献正文)
黑体小三号	(致谢)
宋体小四号	(致谢正文)
黑体小三号	(附录)
宋体小四号	(附录正文)

注：分级阿拉伯数字的编号一般不超过三级，两级之间用下角圆点隔开，每一级编号的末尾不加标点。

1. 章节与各章标题

论文正文分章、节、条撰写，每章应另起一页。各章标题要突出重点、简明扼要。字数一般在 15 字以内，不得使用标点符号。标题中尽量不采用英文缩写词，必须采用时，应使用本行业的通用缩写词。

2. 层次

层次以少为宜，根据实际需要选择(层次代号格式见表 5-1)。各层次题序及标题不得置于页面的最后一行(孤行)。

表 5-1　理工类论文层次代号及说明

章 节 条 款 项 正 文	××××	题序和标题之间空两个字，用小二号黑体字，居中
	1. 1　×××	题序和标题之间空两个字，用小三号黑体字，居中
	1.1.1　×××	题序和标题用四号黑体字，空两格书写
	1. ×××××××	题序和标题用小四号黑体字，空两格书写
	(1)×××	题序和标题用小四号宋体字，空两格书写
	×××××××××××	正文均为小四号宋体字，首行空两格

3. 页面设置

每页的版面、页眉、页脚套用统一的毕业设计论文报告纸，不可以更改页眉、页脚及左右边距。版面上空 2.5 cm，下空 2 cm，左空 2 cm，右空 2 cm。摘要和目录的页码采用小写罗马数字编写，如 i、ii、iii、……。从正文开始采用阿拉伯数字编写页码，如-1-、-2-、-3-、……。页码位于页面右下方。每一章均重新开始一页。章标题前空一行。正文段落和标题一律取"1.5 倍行距"，不设段前与段后间距。

4. 图表编号

文中图、表只用中文图题、表题；每幅插图应有图序和图题；图序和图题应放在图位下方居中处；图序和图题一般用黑体五号字。图的编号由"图"和阿拉伯数字组成，阿拉伯数字由前后两部分组成，中间用"."号分开，前部分数字表示图所在章的序号，后部分数字表示图在该章的序号。例如"图 2.3"、"图 3.10"等；每个图号后面都必须有图题，图的编号和图题要置于图下方的居中位置。插图与其图题为一个整体，不得拆开排写于两页。插图应编排在正文提及之后，插图处的该页空白不够排写该图整体时，则可将其后文字部分提前排写，将图移到次页最前面。有数字标的坐标图，除无单位者(如标示值)之外，必须注明坐标单位。插图应符合国家标准及专业标准。对于机械工程图，应采用第一角投影法，严格按照 GB4457～4460—84，GB131—83《机械制图》标准规定。对于电气图，图形符号、文字符号等应符合有关标准的规定。对于流程图，应符合国家标准。对无规定符号的图形，应采用该行业的常用画法。

每个表格应有自己的表序和表题，一般用黑体五号字。表的编号方法同图的编号方法相同，例如"表 1.6"、"表 2.3"等。表的编号和表题要置于表上方的居中位置。如某个表需要转页接排，在随后的各页上要重复表的编号，编号后跟表题(可省略)或跟"(续)"，如表 1.2(续)。续表均要重复表的编排。

对于函数曲线图，请注意检查横纵坐标的变量名、单位、刻度值是否完整(对于无量纲化或无单位的，请注明"无单位")，不同线型或图符说明应完整，变量名和单位之间用"/"分开。表的宽度不得超过版面文字的宽度，表一律要求采用三线表，表中参数及单位用"/"分开。

另外，毕业设计(论文)中的照片均应是原版照片粘贴，不得采用复印方式。照片可为黑白或彩色，应层次分明、清晰整洁、反差适中。照片采用数字化仪表输入计算机打印出来的图稿。

5. 计量单位

毕业设计(论文)中的量和单位必须符合中华人民共和国的国家标准 GB3100～GB3102—93，它是以国际单位制(SI)为基础的。非物理量的单位，如件、台、人、元等，可用汉字与符号构成组合形式的单位，例如件/台、元/km。力求单位名称全文统一，不混淆使用中英文单位名称。

6. 标点符号

毕业设计(论文)中的标点符号应按新闻出版署公布的"标点符号用法"使用。

7. 数字与英文字符

毕业设计(论文)中的测量、统计数据一律用阿拉伯数字；在叙述中，一般不宜用阿拉伯数字。全文中的英文字符均采用 Times New Roman 字体，字号与所在的文字段对应。

8. 名词、名称

科学技术名词术语尽量采用全国自然科学名词审定委员会公布的规范词或国家标准、部标准中规定的名称，尚未统一规定或叫法有争议的名词术语，可采用惯用的名称。使用外文缩写代替某一名词术语时，首次出现时应在括号内注明全称。外国人名一般采用英文原名，按名前姓后的原则书写。一般很熟知的外国人名(如牛顿、爱因斯坦、达尔文、马克思等)应按通常标准译法写译名。

9. 公式

公式应用公式编辑器输入。公式应居中书写。公式的编号用圆括号括起放在公式右边行末。公式与编号之间不加虚线。

对于公式中的变量含义需要说明的，请在公式后的段落中，采用"式中：A 为某某，B 为某某"的方式加以说明，A、B 等字符必须与公式中的字体一致。如，公式中为斜体，则说明中也必须使用斜体。

第四节　结论和致谢的撰写

(一) 结论的撰写

结论是对整个论文主要成果的总结，是该论文的最终的、总体的结论。结论应是整篇论文的结局，而不是某一局部问题或某一分支问题的结论，也不是正文中各段的小结的简单重复。在结论中应明确指出本研究内容的创造性成果或创新性理论(含新见解、新观点)，对其应用前景和社会、经济价值等加以预测和评价，并指出今后进一步在本研究方向进行研究工作的展望与设想。学位论文的结论单独作为一章排写，但不加章号。

结论应该准确、完整、明确、精练。该部分的写作内容一般应包括以下几个方面：

(1) 本文研究结果说明了什么问题。

(2) 对前人有关的看法做了哪些修正、补充、发展、证实或否定。

(3) 本文研究的不足之处或遗留未予解决的问题，以及解决这些问题的可能的关键点和方向。

"结论"部分的写作要求是：措词严谨，逻辑严密，文字具体，用语斩钉截铁，且只能作一种解释，不能模棱两可、含糊其词。文字上也不应夸大，对尚不能完全肯定的内容注意留有余地。

(二) 致谢的撰写

致谢是对导师和给予指导或协助完成学位论文工作的组织和个人表示感谢，以示对别人劳动的尊重，也是谦逊品质的体现。致谢的内容应简洁明了、实事求是。

致谢文字一般不长，通常置于正文之后。毕业设计(论文)的致谢大致可以分为以下四部分：

(1) 向指导教师致谢。向在写论文过程中提供过帮助的老师们致谢，除此之外，还可以感谢在大学时光里，对学业、生活、情感、个人发展起到积极作用的老师，感谢的内容可以是生活上的关怀，学业上的指导，品质上的影响等。

参考样例：

首先诚挚地感谢我的论文指导老师**老师。他在忙碌的教学工作中挤出时间来审查、修改我的论文。还有教过我的所有老师们，他们严谨细致、一丝不苟的作风一直是我工作、学习中的榜样；他们循循善诱的教导和不拘一格的思路给予我无尽的启迪。

(2) 向朋友，同学致谢。要感谢他们在写这篇论文时的竭力相助，感谢他们大学四年的包容，感谢他们的亦师亦友的陪伴，等等。

参考样例：

同时，本篇毕业设计(论文)的写作也得到了**、**等同学的热情帮助。感谢在整个毕业设计期间和我密切合作的同学，和曾经在各个方面给予过我帮助的伙伴们。在此，我再一次真诚地向帮助过我的老师和同学表示感谢！

(3) 感谢家人。家人的支持与鼓励是大学时光最大的温暖与保障。

参考样例：

最后，我要感谢我的父母对我的关心和理解，如果没有他们在我的学习生涯中的无私奉献和默默支持，我将无法顺利完成今天的学业。

(4) 感谢学校，也可以感谢学院，感谢图书馆等。

参考样例：

在此要感谢我生活学习了四年的母校——xx 大学，母校给了我一个宽阔的学习平台，让我不断吸取新知，充实自己。

第五节　参考文献的撰写

参考文献即对正文中引用或参考的有关著作和文献进行的说明。毕业设计(论文)的撰写应本着严谨求实的科学态度，凡有引用他人成果之处，均应按引文出现的先后顺序列于参考文献中。参考文献按正文中引用、参考出现的顺序列出，附于文末。理科论文应有一定数量的英文参考文献。

参考文献应在正文中顺次引述(按在正文中被提及的先后来排列各篇参考文献的序号，所有参考文献均应在正文中提及)，一般只引用正式出版过的文献。对于文献有多个作者的，只著录前 3 位作者，从第 4 位开始该用"，等"或者"et al."代替，根据 GB3469 规定，按表 5-2 标识不同的参考文献类型(另，对于专著、论文集中析出的文献，标识用"A"，其他用"Z")。

表 5-2　参考文献类型及标识

参考文献类型	专著	论文集	报纸文章	期刊文章	学位论文	报告	标准	专利
文献类型标识	M	C	N	J	D	R	S	P

参考文献的著录格式和示例如下：

(1) 专著(含教材)。

著录格式：

[序号]编著者. 书名[M]. 版本. 出版地：出版者，出版年：页码.

例：

[1]　刘谋佶，吕志咏，丘成昊，等. 边条翼与旋涡分离流[M]. 北京：北京航空学院出版社，1988. 24-27.

[2]　Isidori A. Nonlinear control systems[M]. 2nd. New York：Springer Press，1989：32-33.

注：初版书不标注版本，页码是可选项。

(2) 期刊。

著录格式：

[序号]作者. 题目[J]. 刊名，年，卷(期)：页码.

例：

[1]　傅惠民. 二项分布参数整体推断方法[J]. 航空学报，2000，21(2)：155-158.

[2]　Moustafa G H. Interaction of axisymmetric supersonic twin jets[J]. AIAA J，1995，

33(5)：871-875.

注：外文期刊的刊名可用简称；请注意标注文章的年、卷、期、页，不要遗漏。

(3) 学位论文。

著录格式：

　　　[序号]作者. 题目[D]. 地点：单位，年.

例：

[1]　朱刚. 新型流体有限元法及叶轮机械正反混合问题[D]. 北京：清华大学，1996.

[2]　Sun M. A study of helicopter rotor aerodynamics in ground effect[D]. Princeton：Princeton Univ，1983.

(4) 论文集，会议录。

著录格式：

　　　[序号]主要责任者. 题名[C]. 出版地：出版者，出版年.

例：

[1]　辛希孟. 信息技术与信息服务国际研讨会论文集：A 集[C].北京：中国社会科学出版社，1994.

[2]　北京空气动力研究所. 第九届高超声速气动力会议论文集[C]. 北京：北京空气动力研究所，1997.

(5) 论文集中析出的文献。

著录格式：

　　　[序号]作者. 题目[A]. 见：主编. 论文集名[C]. 论文集名. 出版地：出版者，出版年：页码.

例：

[1]　陈永康，李素循，李玉林. 高超声速流绕双椭球的实验研究[A]. 见：北京空气动力研究所编. 第九届高超声速气动力会议论文集[C]. 北京：北京空气动力研究所，1997：9-14.

[2]　Peng J，Luo X Z，Jin C J. The study about the dynamics of the approach glide-down path control of the carrier aircraft[A]. In：GONG Yao-nan ed. Proceedings of the Second Asian-Pacific Conference on Aerospace Technology and Science[C]. Beijing：Chinese Society of Aeronautics and Astronautics，1997：236-241.

注：会议文集的出版者可能不是正式的出版社；出版地指出版者所在地，不一定是会议地点。

(6) 科技报告。

著录格式：

　　　[序号]作者. 题名[R]. 报告题名及编号，出版地：出版者，出版年.

例：

[1]　孔祥福. FD-09 风洞带地面板条件下的流场校测报告[R]. 北京空气动力研究所技术报告 BG7-270，北京：北京空气动力研究所，1989.

[2]　Carl E J. Analysis of fatigue，fatigue-crack propagation and fracture data[R].NASA CR-132332，1973.

注：对于 NASA 报告、AIAA Paper 等航空航天领域知名报告，出版地和出版者可以省略。

(7) 国际、国家标准，行业规范。

著录格式：

　　[序号]标准编号，标准名称[S]. 出版地：出版者，出版年.

例：

[1]　MIL-E-5007 D，航空涡轮喷气和涡轮风扇发动机通用规范[S]. 美国空军，1973.

[2]　GB 7713—87，科学技术报告、学位论文和学术论文的编写格式[S].

注：对于国标(GB)等，出版地、出版者和出版年可省略。

(8) 专利。

著录格式：

　　[序号]设计人. 专利题名[P]. 专利国别：专利号，公告日

例：

[1]　黎志华，黎志军. 反馈声抵消器[P]. 中国专利：ZL85100748，1986-09-24.

(9) 其他未定义文献类型。

著录格式：

　　[序号]主要责任者. 文献题名[Z]. 出版地：出版者，出版年.

第六节　注释和附录的撰写

(一) 注释的撰写

注释是对设计(论文)中有需要解释或说明的情况，在文中加注说明的形式，与参考文献有区别。注释可用页末注(将注文放在加注页的下端)，而不可用行中插注(夹在正文中的注)。注释只限于写在注释符号出现的同页，不得隔页。引用文献标注应在引用上角用[ ]和参考文献编号标明，字体用五号字。注释与参考文献的使用可根据本学科特点结合专业论文撰写的具体要求，指导学生正确使用。

(二) 附录的撰写

对于一些不宜放在正文中，但有重要参考价值的内容，如调查问卷、公式推演、编写程序、原始数据附表等，可编入毕业设计(论文)的附录中。一般附录的篇幅不宜超过正文。(无附录内容的该项可缺)，序号采用"附录 A""附录 B""附录 C""附录 D"……依次排列。

第六章　毕业设计(论文)撰写中常见的问题和提高质量的措施

本科毕业设计(论文)是每个本科生在毕业之前都需要完成的一类文章，不同学校对毕业设计(论文)的要求也略有区别。本科毕业设计(论文)对学生和学校来说都是非常重要的，一来是学校检验学生学习成果的一个途径，二来也是学生结束大学阶段学习的标志。

第一节　毕业设计(论文)撰写中常见的问题

现在的本科毕业设计(论文)中存在一些问题，主要有以下几个方面。

(一) 模仿性论文多，自主写作意识欠缺

随着论文检测系统的投入和相关制度的实施，毕业设计(论文)的抄袭、剽窃等问题得到了一定缓解，但毕业生自主写作意识仍停留在表面。部分毕业设计(论文)虽然通过文字修改和语句修饰后通过了论文检测的重复率检查，但是论文拼凑现象严重，模仿痕迹尤为明显。比如在论文写作中，摘取不同文章不同部分进行拼凑或论文直接引用题目相似、内容相近的论文中的大量观点和论述；应届毕业生直接抄袭隔届毕业生论文或他校毕业生论文；翻译国外论文后套用国内对象成文；甚至通过网络搜索资料后简单拼凑而成。因此有的学生仅用几周甚至几天时间就能够产出一篇"合格"论文。此外，网络交易平台的推广，使得网络写作等交易更为容易和隐秘，其从侧面助长了学生的学术惰性。

(二) 理论性论文多，应用实践选题偏离

传统模式下，毕业设计(论文)指导选题以指导老师命题为主，但由于受老师自身研究方向和实践经验影响，很难做到跟学生个人兴趣爱好或专项技能有效结合。大部分选题学生难以理解或把握，方向宽泛，又或是选题陈旧，偏向教材知识、纯理论研究多，可实践性和可操作性较差。由于此类论文选题明显缺乏"地气"，与地方经济、一线应用技术实践很难结合，所以研究结论无法指导实践工作，学生素质技能得不到锻炼和体现，这与应用型本科教育改革的理念相悖。此外，由于有些选题涉及范围宽泛或专业性太强，部分学生在论文写作过程中，发现收集文献资料困难，相关数据无法获取，与本人实际研究能力相距甚远，难以在规定时间内完成论文，从而被迫仓促改题，重新划归理论性论文。

(三) 简单性论文多，综合运用能力不足

对于非纯粹理论性论文，质量也有待提高。首先，在论文指导过程中，普遍反映学

生缺乏综合运用知识解决实际问题的能力。面对实际问题局限于常规，仅粗略地把收集得来的数据进行简单分析或者用实践、实验的结果和表面案例得出定性分析结果，内容不够翔实，工作量也略显不足，思路没有拓展，分析问题的方法单一。其次，分析问题的逻辑牵强。部分毕业生知识储备较少，对论文涉及的研究领域理解不透。在写作过程中误用推理，未考虑问题表象与实质之间各种影响因素的系统性和整体性关系，研究内容逻辑结构不完整，从而导致研究结果与实际不符。更有甚者，对学术研究方法和写作技能缺乏了解，面对文献数据不知如何分析处理和总结，论文格式不规范，行文不畅，逻辑不清晰。

（四）选题把握不准确

选题是确定毕业设计(论文)研究的方向，是毕业设计(论文)写作的第一步。即使教学学院提供了一些参考选题，但学生在选题时仍有不少问题。主要表现在：一是追求热点；二是游离在所学专业或毕业实习之外；三是理论性太强，选题难度太大，超出了本科生能够把握的范围；四是选题陈旧，缺乏创新，老是一些"陈芝麻烂谷子"，照搬别人的观点、材料和结论，没有新意。

（五）文献使用不规范

毕业设计(论文)写作要求本科生学会检索和使用参考文献，但难如人意。具体表现为：一是在正文中不注明资料来源，特别是数据资料，对从互联网上取得的资料往往不注明网址；二是不了解参考文献标注的格式，同一篇论文中标注方式各不相同，不了解对报纸、网站、会议的标注格式；三是不熟悉参考资料引用的要求，正文标注与文后的参考文献不对应；四是引用文献过于陈旧；五是引用文献过长，甚至涉嫌抄袭。

（六）行文不严谨

毕业设计(论文)写作要求本科生展现科研论文的写作能力，有时差强人意。一是思路不清晰，缺乏基本学术论文写作训练；二是基本概念解释不清楚，下定义的能力不够；三是凑字数，为达到毕业设计(论文)字数要求，大量引用可有可无的材料；四是文章内容前后关联性不强，在原因分析、对策建议等方面，没有针对存在的问题进行分析。

（七）摘要撰写混乱

毕业设计(论文)摘要撰写混乱的主要表现有：一是没掌握毕业设计(论文)摘要撰写规则，目的不明确，方法交代不清，结果、结论模糊；二是摘要内容与正文关联性不强。特别是正文在导师指导后有了重大修改，在摘要里没有体现；三是英文摘要质量不高，有的甚至从网络上下载翻译软件"写作"英文摘要，以致出现语病。

（八）格式不规范

论文格式是毕业设计(论文)的外在形式，但学生上交的毕业设计(论文)的格式五花八门。一是标题序号不一致，多种序号混用；二是图表不编号或编号混乱，甚至为扫描或截图；三是数据不一致，使用不同的单位；四是全角、半角混用等。

第二节　提高毕业设计(论文)质量的措施

针对以上种种毕业设计(论文)撰写过程中遇到的问题，可以从以下几个方面来进行针对性改进。

(一) 提高对毕业设计(论文)重要性的认识

本科毕业设计(论文)是大学生本科阶段学习成果的全面总结，是对学生创新能力的考查，是实现高等教育培养目标的重要教学环节，是一所高校整体教学质量的直接反映。教学学院要高度重视，在教学安排，指导教师遴选，建立、完善毕业设计(论文)评价体系等方面多做工作，形成工作制度；指导教师要重视对学生的业务指导，重点抓好论文选题、研究方案、文献检索等；毕业生要高度重视，处理好毕业设计(论文)写作与完成实习工作的关系，主动与指导教师沟通，认真撰写，反复修改，展现研究性学习和实践性学习的成果。

(二) 引导学生与指导教师的双向选择

指导教师对学生科研能力的提高影响很大，具体表现为：一是指导和训练学生毕业设计(论文)写作，训练文献检索、方案编写等；二是审查学生论文的规范性、真实性，审查参考文献、论文格式、英文摘要等的规范性；三是把握学生毕业设计(论文)合格性，凡没有指导教师签字同意的学生一律不能参加答辩。学生与指导教师双向选择，有利于提高指导效果。教师有自己的研究领域，在导师双选前，要公示指导教师的学识特长，方便学生选择指导教师，指导教师根据学生的论文选题方向选择学生。

(三) 明确毕业设计(论文)质量标准

编制好学生毕业设计(论文)质量标准，内容包括：一是明确学生论文格式基本规范，制定统一的格式标准；二是明确参考文献的时效性，一般以近三年内的资料为好；三是适当放宽对毕业设计(论文)字数的要求，对本科生以不少于一万字为宜，要求学生观点表达清楚、问题分析透彻，结构完整，避免为凑字数而将无关紧要的内容大量地放入论文中，致使主题被淡化。

(四) 设立学生科研课题

毕业设计(论文)应依托科研课题，一方面让学生参与指导教师的课题，或者参加实习单位的科研，提高科研意识和科研水平，有利于写出高水平的毕业设计(论文)；另一方面针对本科生参加科研课题机会少的困难，设立若干学生科研专项，结合实习岗位，确定与企业关联度高的选题，组织毕业生分组申报，以毕业设计(论文)为结题成果。立项课题以解决现实存在的问题作为出发点和落脚点，对学生和指导教师都有一定的压力，也保证了论文的创新性。有了科研课题的依托，学生的科研积极性得到激发，资料收集、整理和研究能力得到锻炼，为毕业设计(论文)的写作积累研究方法、研究经验和奠定选题的方向，有利于提升毕业设计(论文)的质量。

(五) 强化学术道德教育

学生必须独立完成毕业设计(论文),规范引用参考文献,不得抄袭、剽窃他人学术成果。加强毕业生学术道德教育非常必要,一方面要将学术道德教育与学生的日常行为教育、大学生思想政治教育结合起来,与大学生就业教育、职业道德教育结合起来;另一方面对出现有违学术道德的,坚决不允许参加答辩或取消其答辩资格。引入论文检索比较相关软件,杜绝违背学术道德的行为。

(六) 认真组织评阅答辩

在论文评阅和答辩时,指导教师都希望自己指导的学生能一次通过,担心影响教学评价结果;学生更希望自己的论文能一次性通过,否则会影响自己毕业。毕业设计(论文)评阅是重要环节,评阅分组的关键是将指导教师与学生毕业设计(论文)按选题分类,采取分类评阅的办法,避免评阅中出现不公平。答辩是对毕业设计(论文)质量把关的最后一个重要环节,重点是防止形式化。在组织答辩活动中,要确定答辩组,实行组长负责制,在答辩前确定重点提问教师,避免出现走过场的现象。

第七章　毕业设计(论文)的答辩和考核评定

　　论文的答辩，多在撰写毕业设计(论文)的基础上，由学生所在高校组织进行。答辩的成功与否，不仅关系到论文成绩的最后评定，而且关系到能否顺利毕业的问题。因此，在重视毕业设计(论文)撰写的同时，绝不能忽视论文的答辩。

第一节　毕业设计(论文)答辩意义

　　只有充分认识毕业设计(论文)答辩具有多方面的意义，才会以积极的姿态，满腔热忱地投入到毕业设计(论文)答辩的准备工作中去，满怀信心地出现在答辩会上，以最佳的心境和状态参与答辩，充分发挥自己的才能和水平。论文答辩的意义主要有以下几点：

　　(1) 论文答辩是考核学生真才实学的重要举措。

　　论文的质量，主要取决于立论是否有新意、论据是否充分有力、论证是否严密、结构是否完整、语言是否精练等。论文质量的考核，当然以书面材料为基础，也应当重视口头答辩。在论文答辩过程中，答辩老师在听取答辩者的自述与答辩的基础上，对论文进行全面的考核，继而集体合议作出对论文成绩及等级的评价。

　　(2) 毕业设计(论文)答辩是一个增长知识，交流信息的过程。

　　为了参加答辩，学员在答辩前就要积极准备，对自己所写文章的所有部分，尤其是本论部分和结论部分作进一步的推敲，仔细审查文章对基本观点的论证是否充分，有无疑点、谬误、片面或模糊不清的地方。如果发现一些问题，就要继续收集与此有关的各种资料，作好弥补和解说的准备，准备的过程本身就是积累知识、增长知识的过程。此外，在答辩中，答辩小组成员也会就论文中的某些问题阐述自己的观点，或者提供有价值的信息，这样，学员又可以从答辩教师中获得新的知识。当然，如果学员的论文有独创性或在答辩中提供最新的材料，也会使答辩老师得到启迪。这正如一位外国学者所说的："如果我们彼此交换想法，本来各自只有一个想法，而现在大家都有几个想法，因此一加一就等于四了。"

　　(3) 毕业设计(论文)答辩是大学生全面展示自己的素质和才能的良好时机。

　　毕业设计(论文)答辩会是众多大学生从未经历过的场面，不少人因此而胆怯，缺乏自信心，其实毕业设计(论文)答辩是大学生们在即将跨出校门、走向社会的关键时刻全面展示自己的素质和才能的良好时机。大学生们应该用自己的拼搏，为今后自己的发展奠定基础。大学毕业生们对毕业设计(论文)答辩不能敷衍塞责、马虎从事，更不可轻易放弃。

　　(4) 毕业设计(论文)答辩是培养学生能力的重要环节。

在当今社会，人们愈来愈认识到，能言善辩是现代人必须具备的重要素质。一个人如果掌握了高超的辩论技巧，具有雄辩的口才，他在事业上，在人际交往中就会如鱼得水。正因为如此，自古以来那些胸怀大志的人，都非常重视辩论素质的训练和培养，把拥有精湛的辩论艺术作为其事业成功的得力臂膀。

毕业设计(论文)答辩虽然以回答问题为主，但答辩，除了"答"以外，也会有"辩"。因此，论文答辩并不等于宣读论文，而是要抓住自己论文的要点予以概括性的、简明扼要的、生动的说明，对答辩小组成员的提问作出全面正确的回答，当自己的观点与主答辩老师观点相左时，既要尊重答辩老师，又要让答辩老师接受自己的观点，就得学会运用各类辩论的技巧。如果在论文答辩中学习运用辩论技巧获得成功，就会提高自己参与各类辩论的自信心，就会把它运用到寻找职业或工作的实践中去，并取得成功。

(5) 毕业设计(论文)答辩是大学生们向答辩小组成员和有关专家学习、请求指导的好机会。

学位论文答辩委员会，一般由有较丰富的实践经验和较高专业水平的教师和专家组成，他们在论文答辩会上提出的问题，一般是本论文中涉及的本学科学术问题范围内带有基本性质的最重要的问题，是论文作者应具备的基础知识，却又是论文中没有阐述周全、论述清楚、分析详尽的问题，也就是文章中的薄弱环节和作者没有认识到的不足之处。通过教师的提问和指点，就可以了解自己撰写毕业设计(论文)中存在的问题，作为今后研究其他问题时的参考。对于自己还没有搞清楚的问题，还可以直接请求指点。总之，答辩会上提出的问题，不论作者是否能当场作出正确、系统的回答，都是对作者一次很好的帮助和指导。

第二节　毕业设计(论文)答辩前的准备

凡事预则立，不预则废。毕业设计(论文)答辩工作也是如此。同学们在提交完论文之后，应积极投入到论文答辩的准备当中去，从多方面去准备答辩的各个环节。

(一) 熟悉论文内容

论文的内容是答辩老师提问的依据，也是我们进行答辩的依据。因此，在答辩前，应该对自己的论文内容要做到了然于心。对论文内容的准备主要从以下几个方面入手：一是要熟悉论文的主要结构和观点，以及论文涉及的主要概念和基本原理的确切含义；二是论文的数据或结论是如何得来的，是否客观真实；三是论文中前人的研究有哪些，自己的创新点在哪里，是如何形成的，有何现实意义。

只有认真准备，才能在答辩过程中做到临阵不慌、沉着应战。

(二) 认真拟好论文简介

论文答辩时，第一个环节就是对自己的论文进行简单介绍，也就是论文自述环节。学生需要在答辩之前将论文简介构思好，论文简介应包括论文的主要内容、主要观点。因为论文自述环节有时间限制，因此好的论文简介应短小精悍、言简意赅，却又能高度概括和体现论文的主旨和思想。为确保论文简介的质量，在答辩之前，可与同学组织一个小型的模拟答辩会，既可以锻炼自己对时间的把握能力，又能多方听取大家意见，进一步修改完善简介内容。

(三) 精心制作答辩 PPT 或答辩陈述

当遇到老师提出很多意见而无法回复这种情况时，不要慌乱，更不要不屑，而是要虚心接受，做好笔记，答辩后与导师讨论并进行修改。

总之，在答辩过程中要保持良好的心态和谦逊的态度，积极面对困难，认真思考作答，尽自己最大的努力完成答辩。陈述一定要概括、讲重点、有所总结，而不是记流水账一样的说"第一章写了……第二章写了……"，因为这些内容老师完全可以通过翻阅纸版论文了解，不需要再讲一遍。

在论文自述和回答问题过程中，单用"说"这种枯燥的方法，不容易达到好的效果，如果利用 PPT 作为辅助解说，会有更直观的效果。因此，在答辩前制作一份精美的论文答辩 PPT 非常有必要，它可以更直观地向答辩老师呈现论文的框架结构和亮点内容，在论文答辩中起到事半功倍的效果。

(四) 认真准备答辩问题

答辩老师所提出的问题不是漫无边际的，而是紧扣论文内容或是与论文相关的问题。因此，学生需认真阅读和消化论文的内容，对论文涉及的相关方面做进一步的思考，并在此基础上准备答辩时可能提出的各类问题。

具体来说，准备的重点可以放在以下几个方面：

(1) 选题的理由何在？论文的价值和意义何在？前人都有哪些代表性的研究成果？本篇论文有哪些创新？对以后进一步的研究有何想法？

(2) 对论文中涉及的一些基本概念或理论能否说出其内涵或是有比较全面或深入的认识？

(3) 研究方法是否得当？所得出的数据和研究结果是否客观、真实？结论是否合情合理？

(4) 论据是否充分？例证是否恰当？能否当场举出例子进行说明？

(5) 能否用论文中的观点、原理去解释具体问题？

因此，在毕业设计(论文)准备期间，学生需要陆续完成毕业设计论文及相关工程图纸、程序、刻录光盘等，并完成任务书、外文翻译、查重报告、开题报告及中期检查报告、实物成果验收表等材料，以供答辩及成绩统计用。

第三节　毕业设计(论文)答辩过程

经过一系列的准备工作后，就要正式进入答辩程序。按照一般的规定，答辩委员会由 5～9 人组成，下设若干答辩小组，每个答辩小组由 3～5 位老师组成。

答辩当日，应提前到达答辩地点，查看自己的答辩顺序。号码靠前者上午答辩，号码靠后者下午答辩，号码在中间者，建议留在答辩地点等候，以防错过点名，从而影响分数。

每位学生的答辩时间约为 10 分钟，前 5 分钟为自述部份，后 5 分钟为答辩老师提问时间，提问的问题一般不超过 3 个。

（一）毕业设计（论文）答辩过程

1. 自我介绍

自我介绍作为答辩的开场白，包括姓名、学号、专业。介绍时要举止大方、态度从容、面带微笑，礼貌得体的介绍自己，争取给答辩小组一个良好的印象。好的开端就意味着成功了一半。

2. 答辩人陈述

收到成效的自我介绍只是这场答辩的开始，接下来的自我陈述才进入正轨。自述的主要内容归纳如下：

(1) 论文标题。向答辩小组报告论文的题目，标志着答辩的正式开始。

(2) 简要介绍课题背景、选择此课题的原因及课题现阶段的发展情况。

(3) 详细描述有关课题的具体内容，其中包括答辩人所持的观点看法、研究过程、实验数据、结果。

(4) 重点讲述答辩人在此课题中的研究模块、承担的具体工作、解决方案、研究结果。

(5) 侧重创新的部分。这部分要作为重中之重，这是答辩教师比较感兴趣的地方。

(6) 结论、价值和展望。对研究结果进行分析，得出结论；新成果的理论价值、实用价值和经济价值；展望本课题的发展前景。

(7) 自我评价。答辩人对自己的研究工作进行评价，要求客观，实事求是，态度谦虚。经过参加毕业设计与论文的撰写，专业水平上有哪些提高、取得了哪些进步，研究的局限性、不足之处、心得体会。

3. 提问与答辩

答辩教师的提问安排在答辩人自述之后，是答辩中相对灵活的环节，有问有答，是一个相互交流的过程，采取答辩人当场作答的方式。

答辩教师提问的范围在论文所涉及的领域内，一般不会出现离题的情况。提问的重点放在论文的核心部分，通常会让答辩人对关键问题作详细、展开性论述，深入阐明。答辩教师也会让答辩人解释清楚自述中未讲明白的地方；论文中没有提到的漏洞，也是答辩小组经常会问到的部分；再有就是论文中明显的错误，这可能是由于答辩人比较紧张而导致口误，也可能是答辩人从未意识到，如果遇到这种状况，不要紧张，保持镇静，认真考虑后再回答；还有一种判断类的题目，即答辩教师故意以错误的观点提问，这就需要答辩人头脑始终保持清醒，精神高度集中，正确作答。

仔细聆听答辩教师的问题，然后经过缜密的思考，组织好语言。回答问题时要求条理清晰、符合逻辑、完整全面、重点突出。如果没有听清楚问题，请答辩教师再重复一遍，态度诚恳，有礼貌。

当有问题确实不会回答时，也不要着急，可以请答辩教师给予提示。答辩教师会对答辩人改变提问策略，采用启发式的引导式的提问，降低问题难度。

出现可能有争议的观点，答辩人可以与答辩教师展开讨论，但要特别注意礼貌。答辩本身是件非常严肃的事情，切不可与答辩教师争吵，辩论应以文明的方式进行。

4. 总结

上述程序一一完毕，代表答辩也即将结束。答辩人最后纵观答辩全过程，做总结陈述，包括两方面的总结：毕业设计和论文写作的体会；参加答辩的收获。答辩教师也会对答辩人的表现做出点评：成绩、不足、建议。

5. 致谢

感谢在毕业设计论文方面给予帮助的人们并且要礼貌地感谢答辩教师。

(二) 答辩注意事项

(1) 克服紧张、不安、焦躁的情绪，相信自己一定可以顺利通过答辩。

(2) 注意自身修养，有礼有节。无论是听答辩教师提出问题，还是回答问题都要做到礼貌应对。

(3) 听明白题意，抓住问题的主旨，弄清答辩教师出题的目的和意图，充分理解问题的根本所在，再作答，以免答非所问。

(4) 若对某一个问题确实没有搞清楚，要谦虚向教师请教。尽量争取教师的提示，巧妙应对，用积极的态度面对遇到的困难，努力思考做答，不应自暴自弃。

(5) 答辩时语速要快慢适中，不能过快或过慢。过快会让答辩小组成员难以听清楚，过慢会让答辩教师感觉答辩人对这个问题不熟悉。

(6) 对没有把握的观点和看法，不要在答辩中提及。

(7) 不论是自述，还是回答问题，都要注意掌握分寸。强调重点，略述枝节；研究深入的地方多讲，研究不够深入的地方最好避开不讲或少讲。

(8) 通常提问会依据先浅后深、先易后难的顺序。

(9) 答辩人的答题时间一般会限制在一定的时间内，除非答辩教师特别强调要求展开论述，都不必要展开过细。直接回答主要内容和中心思想，去掉旁枝细节，简单干脆，切中要害。

(三) 答辩常见问题

在答辩时，一般是几位相关专业的老师根据学生的设计实体和论文提出一些问题，同时听取学生个人阐述，以了解学生毕业设计的真实性和对设计的熟悉性，考察学生的应变能力和知识面的宽窄，听取学生对课题发展前景的认识。

常见问题的分类如下：

(1) 辨别论文真伪，检查是否为答辩人独立撰写的问题；

(2) 测试答辩人掌握知识深度和广度的问题；

(3) 论文中没有叙述清楚，但对于本课题来讲尤为重要的问题；

(4) 关于论文中出现的错误观点的问题；

(5) 课题有关背景和发展现状的问题；

(6) 课题的前景和发展问题；

(7) 有关论文中独特的创造性观点的问题；

(8) 与课题相关的基本理论和基础知识的问题；

(9) 与课题相关的扩展性问题。

第四节　毕业设计成绩评定

为使本科毕业设计(论文)成绩评定更具有规范性、科学性、公正性和严肃性，毕业设计(论文)成绩的评定采用指导教师评分、评阅教师评分、答辩小组评分等三项评分累计相加的办法进行。毕业设计总得分为上述三项评分的总和，满分为 100 分，作者所在的浦江学院的做法是：指导教师评分占总得分的 50%，评阅教师评分占总得分的 25%，答辩小组评分占总得分的 25%。毕业设计(论文)成绩按五级分制记录，100～90 分为优秀，89～80 分为良好，79～70 分为中等，69～60 为及格，59 分以下为不及格。

(一) 优秀(相当于百分制 90 分以上)

(1) 论题具有一定的现实意义及学术价值。

(2) 对所分析的问题占有丰富的材料，论点鲜明，论证充分，能综合运用所学到的知识和技能，比较全面、深入地进行分析，有一定的独到见解。

(3) 观点正确，中心突出，层次明晰，结构严谨，文字流畅。

(4) 答辩中能准确地回答问题，思路清晰，具有一定的应变能力。

(二) 良好(相当于百分制 80 分以上)

(1) 对所分析的问题掌握了比较充分的材料，能运用所学知识和技能进行分析，有较强的解决问题的能力。

(2) 观点正确、中心突出，条理分明，逻辑性较强，文字流畅。

(3) 答辩中能较好地回答问题，思维比较清楚。

(三) 中等(相当于百分制 70 至 79 分)

(1) 对所分析的问题掌握了一定的材料，基本上能结合所学的知识进行分析，中心明确，主要论据基本可靠。

(2) 观点正确，条理清楚，文字流畅。

(3) 答辩中回答问题基本清楚

(四) 及格(相当于百分制 60 至 69 分)

(1) 能掌握一些材料，基本上说清楚了所写的问题。

(2) 观点基本正确，条理清楚，文字通顺。

(3) 答辩中经过提示能正确回答问题。

(五) 不及格(相当于百分制 59 分以下)

(1) 政治观点有明显错误。

(2) 掌握的材料很少，或对所搜集的材料缺乏分析、归纳，不能说明所写的问题，或未经过自己的思考，仅将几篇文章裁剪拼凑而成。

(3) 文字不通，条理不清，词不达意，字数大大少于规定。

(4) 抄袭或由他人代笔的。

(5) 答辩中经过提示仍不能正确回答问题的。

表 7-1～表 7-3 给出毕业设计(论文)答辩和考核评定所使用的表格实例。读者可以参考。

表 7-1 南京工业大学浦江学院毕业设计(论文)评审表
(答辩小组用表)

毕设题目						
学生姓名			学号		专业	
指导教师			职称			
是否有重大原则性问题：是[ ]　否[ ]						
评分指标					得分	
1. 答辩准备情况(5 分)						
2. 口头表达能力(20 分)						
3. 逻辑思维能力(25 分)						
4. 专业知识掌握程度(25 分)						
5. 回答问题的正确性(25 分)						
合计						
答辩小组评分：分(满分 25 分)						
答辩小组评语						
答辩小组成员						
答辩小组组长				签名：年月日		

备注：答辩小组评分占毕业设计(论文)成绩的 25%。

表 7-2　南京工业大学浦江学院毕业设计(论文)评审表
(评阅教师用表)

毕设题目					
学生姓名		学号		专业	
指导教师		职称			
评分指标					得分
1. 完成任务书规定工作情况(30 分)					
2. 内容的正确性和撰写规范化程度(20 分)					
3. 综合运用专业知识能力(20 分)					
4. 创新与成效(15 分)					
5. 毕业设计(论文)的难度与工作量(15 分)					
合计					

评阅教师评分：　　　　　　分(满分 25 分)

评阅教师评语	

是否同意答辩：是【　】否【　】	是否推荐为优秀论文：是【　】否【　】

评阅教师签名：　　　　　　　　　　　　　　　　　　　年　　月　　日

备注：评阅教师评分占毕业设计(论文)成绩的 25%。

表 7-3 南京工业大学浦江学院毕业设计(论文)评审表
(指导教师用表)

毕设题目						
学生姓名		学号		专业		
指导教师		职称				

评分指标	得分
1. 完成任务书规定工作情况(含对论文翻译的评价)(30分)	
2. 内容的正确性和撰写规范化程度(15分)	
3. 综合运用专业知识能力(15分)	
4. 创新与成效(10分)	
5. 查阅和应用文献资料能力(10分)	
6. 独立分析和解决问题的能力(10分)	
7. 学习态度、纪律情况(10分)	
合计	

指导教师评分: 分(满分50分)

指导教师评语

是否同意答辩：是【 】否【 】	是否推荐为优秀论文：是【 】否【 】

指导教师签名： 年 月 日

备注：指导教师评分占毕业设计(论文)成绩的50%。

第八章　毕业设计(论文)管理系统使用指南

1. 登录界面

登录界面如图8-1所示，使用账号密码登录以后，即可进入本科毕业设计(论文)管理系统。

图 8-1　登录界面

2. 登录后界面

登录到本科毕业设计(论文)管理系统后，显示如图8-2界面。

(1) 页面上方显示登录账号的姓名和身份。

(2) 左面显示学生的操作权限。包括毕业设计题目申报、毕业设计选题、毕业设计任务、毕业设计答题讨论、毕业设计中期检查、毕业设计论文成绩和个人信息七部分。

(3) 右边为主显示区域，包括最新通知、相关文档、软件下载。

图 8-2　登录系统后显示界面

3. 毕业设计题目申报

点击左侧"毕设题目申报",出现图8-3界面。学生可以申报"学生自拟题目"或者"外单位毕设题目",选题确定以后将不能再申报题目,具体操作请参考界面中的"申报指南"。

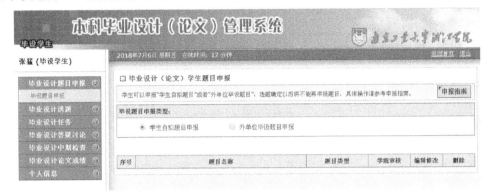

图8-3　毕设题目申报

4. 毕业设计选题

"毕业设计选题"菜单下包含"毕设题目选择"、"最终选题结果"两个选项。

(1) 点击"毕设题目选择",可以浏览教师申报的题目、学生自拟题目和学生外单位毕设题目。

(2) 点击"最终选题结果",可查看自己最终选择的毕设题目的相关信息。主要包括"题目名称"、"选题方式"、"单篇/团队"以及"指导老师",如图8-4所示。

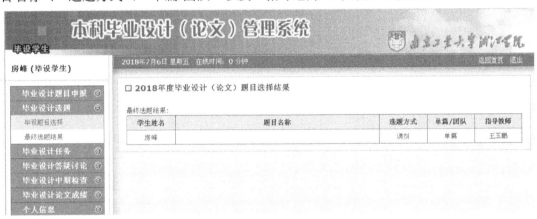

图8-4　毕业设计选题

5. 毕业设计任务

毕业设计任务管理主要完成毕业设计基本信息的修订、**教师下达毕设任务书、学生提交开题报告**、教师安排毕设任务、学生提交任务完成情况、教师对学生完成任务情况进行审核等工作。

"毕业设计任务"菜单下包含"毕设指导教师信息"、"毕业设计基本信息"、毕业设计任务书"、"毕业设计开题报告"和"毕业设计工作任务"五个子菜单。

各子菜单的操作流程见图8-5所示。

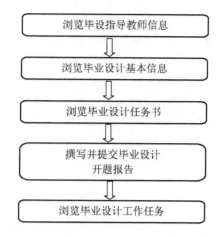

图 8-5 毕业设计任务流程图

(1) 点击"毕设指导教师信息"，可以查看毕设指导教师的基本信息，如图 8-6 所示，主要包括指导教师的职称、所属部门、联系方式、指导教师简介等内容。

图 8-6 毕设指导教师信息

(2) 点击"毕业设计基本信息"，可以查看毕业设计(论文)的基本信息，如图 8-7 所示，主要包括学生所在的班级和系部、毕业设计题目、题目来源、题目类别、毕设周数以及毕业设计(论文)主要设计研究方向等信息。毕业设计基本信息是毕业设计的概要信息，将作为档案保存，由指导教师负责填写，毕业设计(论文)题目和基本信息只有指导教师才能修改，如果需要修改，应与指导教师联系。

图 8-7　毕业设计(论文)基本信息

(3) 点击"毕业设计任务书"，可以查看毕业设计(论文)任务书的相关信息，如图 8-8 所示。毕业设计任务书由指导教师下达，学生可根据毕业设计任务书撰写开题报告。任务书的内容包括四项：内容和要求、主要完成的技术指标、毕设任务进度安排、参考文献。如果学生不能看到任务书，应尽快与指导教师联系。

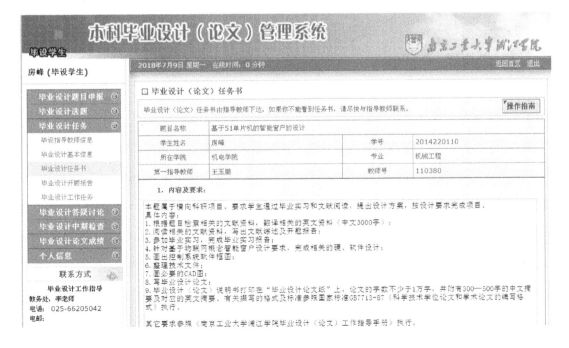

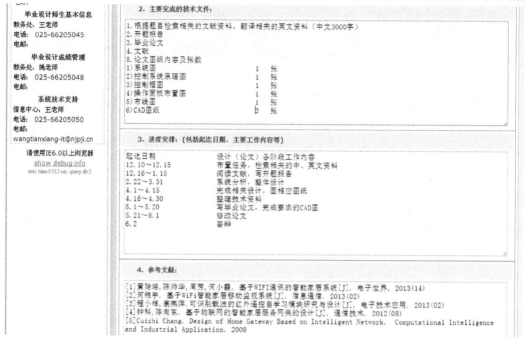

图 8-8　毕业设计任务书填写界面

(4) 点击"毕业设计开题报告"，可以提交毕业设计(论文)开题报告，如图 8-9 所示。毕设指导教师下达任务书后，学生应根据任务书要求即时撰写并提交开题报告。学生开题报告包括文献综述、研究或解决的问题和拟采用的方法等方面内容，在学生提交开题报告以后，指导教师将对开题报告进行审查并填写指导教师意见。

图 8-9　毕业设计开题报告编辑方式的选择

学生提交开题报告时，有两种方式可以选择：页面填写方式和文件上传方式。

① 页面填写方式。如果开题报告内容仅包含文字性描述，可选择"页面填写方式"，该方式使用快速、便捷，不需要安装任何插件。

进入编辑模式，见图 8-10 所示，主要完成以下五个方面的内容：

图 8-10 毕业设计开题报告页面编辑模式

a. 选题的目的和意义；

b. 结合毕业设计(论文)课题任务情况，列出所查阅的文献资料，并撰写 1500～2000 字左右的文献综述(国内外研究现状)；

c. 毕业设计(论文)任务要研究的内容(解决的问题)、拟采用的方法；

d. 写作大纲与研究计划；

e. 特色与创新点。

② 文件上传方式。学生也可以在完成开题报告的撰写后，将开题报告转换成 PDF 格式，并上传。若开题报告中含有图表，则可选用该方式，图 8-11 所示为文件上传后的界面。

(5) 点击"毕业设计工作任务"，可以查看毕设任务进度安排，如图 8-12 所示。

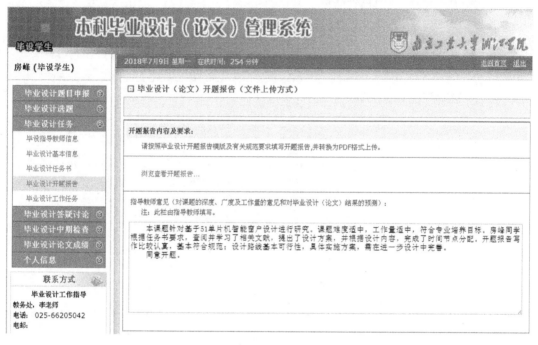

图 8-11　毕业设计开题报告文件上传模式

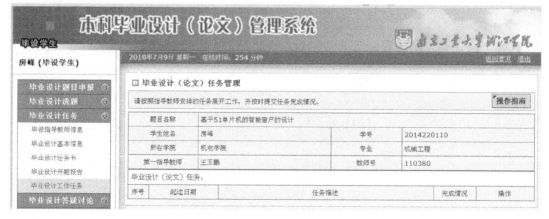

图 8-12　毕业设计工作任务查看界面

6. 毕业设计答疑讨论

"毕业设计答疑讨论"菜单下包含"毕设日志(周志)"、"毕设答疑讨论"两个选项。"毕设日志(周志)"主要用来记录学生的毕业设计(论文)的撰写过程，如图 8-13 所示。"毕设答疑讨论"用于指导教师和学生之间的答疑辅导，如图 8-14 所示。

图 8-13　毕业设计日志(周志)

图 8-14　毕业设计答疑讨论

7. 毕业设计中期检查

"毕业设计中期检查"菜单下包含"学院中期检查安排"、"毕设中期工作汇报"和"毕业设计工作评价"三个选项。其中"毕设中期工作汇报"的各项内容需要学生按时认真填写。

(1) 点击"学院中期检查安排"可查看本科毕业设计"论文"中期检查安排，主要包括检查组相关信息、检查的时间、检查的地点和检查方式等内容，如图 8-15 所示。

(2) 点击"毕设中期工作汇报"可填写毕业设计(论文)中期检查报告。学生应按照学院毕业设计中期检查具体安排，认真、客观的填写中期检查报告

毕业设计(论文)中期检查报告主要由"学生精力投入"、"教师辅导情况"、"毕业设计(论文)工作进度"、"存在的问题和解决方法"以及"指导教师意见"五部分组成，如图 8-16 所示，其中"指导教师意见"由教师填写。

(3) 点击"毕业设计工作评价"，可进行毕业设计(论文)中期检查学生评教，如图 8-17 所示。

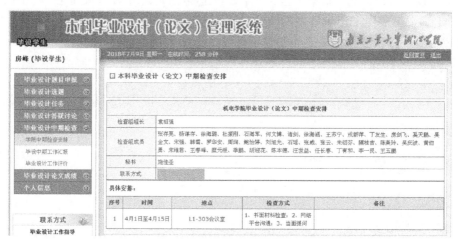

图 8-15　毕业设计中期检查安排

图 8-16　毕业设计中期检查报告(部分)

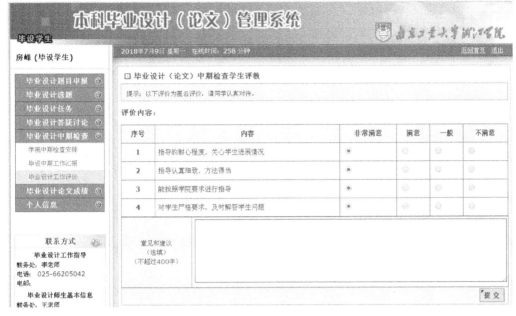

图 8-17 毕业设计中期检查学生评教

8. 毕业设计(论文)成绩

"毕业设计(论文)成绩"菜单下包含"提交翻译材料"、"提交论文材料"和"论文检测报告"、"打印毕设材料"、"毕设答辩安排"、"毕设成绩查询"和"打印评审表"七个选项。

(1) 点击"提交翻译材料",可提交毕业设计(论文)外文翻译材料,如图 8-18 所示。

① 填写翻译材料基本信息,包括原文题目和译文题目。

② 上传翻译材料,翻译材料的内容应包含原文和译文两部分,文件格式必须是 PDF 格式,否则将不能上传。

图 8-18 提交翻译材料

(2) 点击"提交论文材料"，可以提交论文相关材料，如图 8-19 所示。

图 8-19　提交论文材料

① 填写论文摘要信息。主要填写"论文摘要(中文)"、"关键字(中文)"、"论文摘要(英文)"和"关键字(英文)"四部分。

② 是否申请优秀论文，如果申请优秀论文，需填写"申请报告"。

③ 上传论文材料。将撰写的毕业设计(论文)的正文以 PDF 格式进行上传。如果有附件(例如程序、图纸)，则需要将所有附件压缩以后进行上传。

④ 指导老师批阅意见由指导老师填写。

(3) 点击"论文报告检测"，可进行毕业设计(论文)论文报告在线检测。每位学生有两次在线检测机会，超过两次请自行到维普网站申请检测，图 8-20 所示为完成在线检测后的界面。

图 8-20　提交检测报告

(4) 点击"打印毕设材料"，可以进行在线打印"任务书"、"开题报告"和"中期检查报告"，如图 8-21 所示。点击界面相应的打印链接，可以在线打印。如果打开任务书时出现错误，可使用右键另存为本地文件，然后再打印。

图 8-21　打印毕设材料界面

（5）点击"毕设答辩安排"，可以查看毕设答辩的相关信息。

（6）点击"毕设成绩查询"，可以查看毕设成绩，如图 8-22 所示。

（7）点击"打印评审表"，可以选择在线打印"指导教师评审表"、"评阅教师评审表"和"答辩小组评审表"。

图 8-22　毕设成绩查询界面

第九章　毕业设计论文实例

实例一　基于 51 单片机的智能窗户的设计

南京工业大学浦江学院　2014220110　房峰

摘　要

随着技术的不断进步和人们生活水平的不断提高，人们对居家安全问题越来越重视。窗户在发挥通风采光作用的同时，也承担着家庭的安全风险。如，有小偷从窗户进来入室盗窃，家中燃气泄漏而窗户紧闭危害人身安全等等。针对这些问题，本文设计了一个智能窗户，具有防雨、防盗、燃气泄漏自动开窗的功能，并且，每个功能都通过特定的个性化语音播报来发出相应的警报声。本文首先确定了窗户的类型并对各种常见的传动装置进行分析，采取合适的传动方案去移动窗户；然后进行各种电器的设计选型，包括控制器、电机、传感器、保护装置和警报装置，选定合适的器件去实现对应的功能；最后通过程序的设计，将所有的硬件进行串并联，发挥各个硬件的作用，实现既定的功能目标。

关键词：单片机，传感器，步进电机，丝杠传动

Design of Intelligent Windows Based on 51 Single Chip Microcomputer
Abstract

With the continuous advancement of technology and the continuous improvement of people's living standards， people are paying more and more attention to home safety issues. While the windows play a role in ventilation， they also carry home security risks. For example， a thief who came in from the window and burgled， gas leaked at home and the windows were closed could endanger personal safety and so on. In order to solve these problems， this article designed a smart window with the functions of rain protection， anti-theft， automatic window opening of gas leaks， and each function sends corresponding alarm sounds through a specific personalized voice broadcast. This article first determines the type of window and analyzes a variety of common transmissions， adopts a suitable transmission scheme to move the windows， and then performs design selection of various electrical appliances， including controllers， motors， sensors， protection devices， and alarm devices. ， Select the appropriate device to achieve the corresponding function； Finally， through the design of the program， all the hardware serial and parallel， the role of each hardware， to achieve the established functional goals.

Key Words： microcontrollers； sensor； stepping motor； screw drive

目　录

第一章　绪　　论

　　随着人们生活水平的不断提高以及互联网技术的快速发展，智能化的产品正成为时代的潮流。为了塑造高品质的生活，提供一个安全、智能的窗户就显得很有必要。传统的窗户存在以下不足：一是当外面下雨而家中无人或人在熟睡时，窗户如果开着，会打湿家中的地板以及靠近窗户的物品；二是当家中燃气泄漏时，如果窗户紧闭并且人在睡梦中，会造成危险的发生；三是当有小偷爬窗入室盗窃时，家中财物会损失。

　　为了解决以上三点问题，我决定设计一个智能窗户，当外面下雨的时候，能够自动关闭窗户；当家中发生燃气泄漏时，能自动打开窗户并发出警报声；当有小偷爬窗入室盗窃时，能自动关闭窗户并发出警报声。为了实现这三个功能，首先需要设计一个机械装置代替人手去打开窗户；然后，当窗内外发生上述三个事件时，需要相应的传感器可以像人的五官一样能感知这些事情的发生；最后，还需要一个控制单元可以像人的大脑一样能处理五官所感知的事情，并且迅速地驱动电机旋转，从而带动机械装置打开或关上窗户，就像大脑对手发出指令一样打开或关上窗户；与此同时，触发警报装置发出报警声，就像人大声呼喊一样。整个过程，智能窗户就类似于人一样去根据具体情况做出相应的动作，真正实现窗户智能化的构想。下面就开始进行各部分的设计，完成这个构想。

第二章　机械结构的设计

本次设计的智能窗户需要一个合适的传动装置去打开和关闭窗户，因而机械结构的设计也就是传动装置的设计。不同种类的窗户的打开和关闭方式不一样，因而，在设计传动装置之前，首先要确定窗户的种类。目前家庭用的窗户还是以推拉窗为主，考虑到其应用的广泛性，传动装置就在推拉窗的基础上进行设计。

推拉窗有两扇窗户，都可以移动。如果用传动装置移动两扇窗户，由于两扇窗户在移动时有交叉，所以在同一时间内只能移动一扇窗户。因而，设计传动装置时，如果考虑两扇窗户，设计的难度将大大增加，问题就会变得复杂。为了简化设计思路，将外侧的窗扇固定，只移动内侧的窗扇，这样，传动装置安装在屋内就能很方便地打开和关闭窗户。打开和关闭窗户的结构示意图如图 2.1 所示。

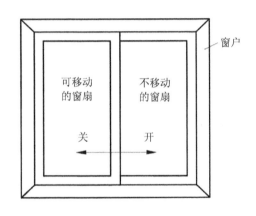

图 2.1　打开和关闭窗户的示意图

传动装置连接着电机和窗户，设计的优良与否直接影响打开或关闭窗户的效率。常见的传动方式有齿轮传动、带传动、链传动、螺旋传动等。下面就来逐一分析每种传动方式，找出最合适的一种传动方案。

齿轮传动是机械传动中应用最广泛的一种传动形式。齿轮传动有很多种，包括渐开线齿轮传动、锥齿轮传动、蜗杆传动、齿轮齿条传动等。[1]其中，只有齿轮齿条传动是把旋转运动转化为直线运动的，其他的都是只能进行旋转运动。在本次设计中，窗户是直线运动的，所以，只有齿轮齿条传动适合本项目。

带传动按照传动原理的不同可分为摩擦型和啮合型，按照带的形状不同可分为平带传动、V 带传动和同步带传动，其中平带和 V 带对应摩擦型，同步带对应啮合型。摩擦型的带传动过载会打滑，打滑的时候皮带不能传递动力，而啮合型的带传动可以保证同步传动。带传动的传动效率受到滑动损失、滞后损失和轴承的摩擦损失等的影响。考虑以上损失，传动效率为 80%～98%。查手册可知，同步带的传动效率为 93%～98%，它的传动效率的最低值要比其他传动带的最低值要高，平均而言，同步齿形带的传动效率是最高的。同步齿形带耐磨性较好，但安装精度要求高，一般用于要求同步的传动或低速传动。[2]另外两种形状的带传动种类较多，适用场合也多。对于本项目设计而言，从不打滑和传动效率两点考虑，同步带传动比其他两种形状的带传动更适合本项目。

链传动属于具有中间挠性件的啮合传动，通过链轮轮齿与链条链节的啮合传递运动和动力。[1]也正因为是链轮和链条的啮合，所以在工作过程中会有噪声，并且不宜用在急速反向的传动中，因而链传动不适合本项目。

螺旋传动是通过螺母和螺杆的旋合传递运动和动力的，可分为滑动螺旋传动和滚动螺旋传动。滚动螺旋传动的效率一般在 90% 以上。它不自锁，具有传动的可逆性，但结构复杂，制造精度要求高，抗冲击性能差。[3]滑动螺旋传动虽然效率较低，但是成本低。窗户的重量较小，滑动螺旋传动就足够带动窗户直线移动。所以，选择滑动螺旋传动比滚动螺旋传动更合适。滑动螺旋传动即滑动丝杠副，所以选择的螺旋传动方案就是丝杠传动。

若采用齿轮齿条传动，则需要将齿轮和齿条安装在窗户内部，这样不光要破坏原来的窗户结构，而且对于安装要求也比较高，不如同步带传动和丝杠传动方便，所以舍弃这种方案。同步带传动结构简单，易于安装，但是如果使用同步齿形带，则要用同步齿形带拉动窗户移动，这在一定程度上会加剧同步齿形带的损耗，使其寿命变短。尤其当窗户快速启停时，同步齿形带可能会瞬间断掉。而丝杠传动尽管摩擦损耗要比同步带传动大，但是其使用寿命更长，结构稳定性更好。因此，选择丝杠传动更合适。

综上所述，选择丝杠传动。丝杠型号为 T8，直径为 8 mm，螺距为 10 mm，单线，导程为 10 mm，材料为 304 不锈钢。选择配套的立式轴承，轴承座型号为 KP08，内径为 8 mm，材料为锌合金。选择配套的型号为 D19L25 的弹性联轴器。与丝杠螺母相配的还有丝杠工作台，丝杠工作台上安装有铝合金的连接件，该连接件连接窗户和丝杠。当丝杠旋转时，就会带动丝杠工作台移动，进而通过连接件拉着窗扇移动，如图 2.2 所示。

图 2.2　传动装置结构示意图

第三章　电器的设计选择

电器部分的设计选型是整个智能窗户系统设计的重点，因为这部分是实现智能窗户防雨、防盗、燃气泄漏自动开窗功能的硬件基础。传感器负责采集窗内外信号，控制器负责处理传感器收集到的信号并发出相应的旋转指令给电机，电机则带动传动装置旋转以打开或者关闭窗户。另外还有两个辅助的功能，即限制窗户的移动位置和发出警报声。下面就开始进行这部分的设计选型。

3.1　控制器的选择

控制器是本次设计的核心部分，它在智能窗户中的地位就像大脑之于人一样。目前常用的控制器有 PLC、单片机等。PLC 的中文名称就是可编程逻辑控制器，它广泛应用于工业领域。PLC 使用起来很方便，可靠性高，抗干扰能力强，适用于强电控制，并且编程采用梯形图方式，简洁易懂，学习起来上手容易，不需要相关的基础知识。[4]而单片机就是一个把计算机系统集成到一个芯片上的微控制器，通俗一点讲，就相当于一个微型的计算机。单片机的集成度高，体积小，可靠性高，控制功能强，适用于弱电控制。[5]与 PLC 相比，单片机虽然抗干扰能力较差，运行速度慢，扩展性较差，但是经济实惠，成本较低，并且体积很小。[6]智能窗户的控制系统是弱电控制，所以单片机更适合作为智能窗户的控制器。

确定使用单片机作为控制器后，接下来就是选择单片机的型号了。目前主流的单片机有 51、MSP430、TMS、STM32、PIC、AVR 等。[7]相比于其他种类的单片机，51 单片机内核简单，作为曾经的一代经典，积累的资料非常多，对于初学者而言，上手要比其他型号快一些。作为一个单片机的初学者，选择 51 单片机，更有利于自己学习单片机并且用它来完成毕业设计，所以选择 51 单片机。

3.2　电机的选择

电机的分类方式有很多，从用途角度可划分为驱动类电机和控制类电机。驱动类电机通电就能转，而控制类的电机则根据相应的控制信号来转动。[8]本次设计的智能窗户，是根据窗内外的传感器所检测到的信号来自动打开或者关闭窗户。故所选择的电机是根据控制信号来转动的，因而选用控制类电机。控制类电机又包括步进电机、伺服电机等。伺服电机一般用于闭环控制系统，而步进电机一般用于开环控制系统。选择电机的目的是为了驱动传动装置，进而打开或关闭窗户，不需要考虑电机的转动精度等问题，因而一般的控制类电机就能满足设计要求。所以选择步进电机。

步进电机按力矩产生的原理可分为反应式、永磁式和混合式三种。[9]反应式是利用线圈通电产生旋转磁场，步距角和转矩都比较小，而且运行时不太平稳。永磁式是利用永磁体产生磁场，体积和转矩都较大，但步距角稍大，精度也稍差。混合式是反应式和永磁式的结合体，通过线圈通电和永磁体产生旋转磁场，具备反应式步距角小和永磁式转矩大的优点，且动态性能好。[20]故选择混合式步进电机。

混合式的步进电机多为两相和五相。五相的步进电机价格很高，且主要用于工业领域。

两相的步进电机步距角为 1.8°，已经能够满足实际需求，故选择两相步进电机。

步进电机的最大静转矩是步进电机选型很重要的一个参数，它是指在通电的情况下，转轴不做旋转时，转轴能承受的最大外力矩。它反映了步进电机的带负载能力。选择静转矩主要看它所承受的负载力矩有多大。负载力矩一般由摩擦负载力矩和丝杠的预紧而产生的附加负载力矩组成，计算公式分别如下：

① 摩擦负载力矩 T_u 的计算：

$$T_u = \frac{F_{a0}L}{2\pi\eta i} \tag{3-1}$$

式中：F_{a0} 为轴向负载力，L 为电机每转一圈执行部件在轴向移动的距离，η 为传动系统的总效率，i 为传动比。

② 附加负载力矩 T_f 的计算：

$$T_f = \frac{F_p L_0}{2\pi\eta i} \cdot (1-\eta_0^2) \tag{3-2}$$

式中：F_p 为丝杠螺母副的预紧力，L_0 为导程，η_0 为丝杠螺母副的效率。[11]

所选丝杠导程为 10 mm，则电机每转一圈，执行部件轴向移动距离为 10 mm，即 L=10 mm，步进电机通过联轴器与丝杠连接，所以传动比 i=1，总传动比 η=0.512，实际测得的 F_{a0}=43.7N。代入公式(3-1)，得：Tu=0.1358 N·m。

所选丝杠螺母副的效率 η_0=0.8，导程 L_0=10 mm，预紧力 F_p=13.5 N。代入公式(3-2)，得：T_f=0.0151 N·m。

步进电机轴上的负载力矩 T=T_u+T_f=0.1509 N·m。考虑到实际运行中还有惯性负载，根据经验，选择静转矩大小为负载力矩的 2~3 倍。故选择的步进电机静转矩应大于 0.4527 N·m，即 4.619 kg·cm。

综上所述，选择型号为 42BYGHH60-1704A 的步进电机，最大静力矩为 6 kg·cm。

步进电机选择好了之后，还要选择步进电机驱动器。如果没有步进电机驱动器，则必须依靠单片机的电压驱动电机旋转，而单片机的功率本身比较低，这样就会使步进电机的驱动能力变差。另外，没有步进电机驱动器，则需要在程序中分配步进电机每一相的高低电平，在实际设计的时候会有点麻烦。而加上步进电机驱动器就不一样了，它能够将控制器发送过来的一串连续的脉冲信号合理地分配到步进电机的每一相，并且由步进电机驱动器来驱动步进电机，也能将步进电机本身的驱动能力发挥到最大。步进电机驱动器有带细分功能的和不带细分功能的。细分驱动器既能提高脉冲当量的分辨率，又能减小步进电机的振动。故确定选择细分驱动器。在满足使用要求的前提下，选择的是 2M320 型步进电机驱动器。

3.3　传感器的选择

本次设计的智能窗户所要达到的目标是防雨、防盗、燃气泄漏自动开窗。要实现这三个目的，需要用到三个传感器。这三个传感器的功能分别是：下雨天时，能检测出外面下雨；有小偷过来时，能检测出距离窗外多少米内有人出现；家中发生燃气泄漏时，能检测出空气中较高的燃气浓度。根据这三个功能要求，分别进行选型设计。

3.3.1 检测雨水的传感器的设计

天气变幻无常，下雨是经常发生的事，我们会经常忘了关闭窗户而导致雨水进入室内，打湿家中的地板或者物品。本次设计的智能窗户要感知外面是否下雨，需要用到雨水传感器。雨水传感器是将雨量的大小通过物理的方法，将雨水信号转换为电信号。目前的雨水传感器大致可分为三类。

第一类是电容式的雨水传感器，主要是根据水和电容材料的介电常数的巨大差异这一原理来设计的。这种雨水传感器由两条相互平行的螺旋形的回字形的铜条组成。这两条金属条形成电容的两极，有雨水滴在这两条金属条之间后，电容两极间的介电常数就会发生变化，回字形的电容的大小也随之变化，脉冲电路中的多谐振荡器的工作频率就会产生变化，从而得知雨水的大小。[12]

第二类是电阻式的雨水传感器，它由两条互相平行的螺旋形的回字形的金属条组成，相当于一个电阻串联在回路中，当有雨水滴在传感器上时，回形电阻也随着改变，从而改变整个电路的电压值。

第三类是光电式的雨水传感器，这种传感器大量应用在汽车上。它由光发射二极管、光接收二极管、周围环境传感器、电控制单元和几个镜头组成。[13]由光发射二极管发出的光以全反射角度在挡风玻璃的外表面反射，如果挡风玻璃上是干燥的，则光接收二极管能接收几乎100%的光。但如果外面下雨了，挡风玻璃上就会有许多水滴，光经过水滴就会发生折射，因而一些光就不会反射到光接收二极管上，这样，从光接收二极管流出的电流就会减少。[14]所以，通过检测从光接收二极管流出的电流的大小，就能知道挡风玻璃上有没有水滴。

第三类雨水传感器可以安装在窗户内部，准确度很高，但是这类传感器安装要求非常高，结构较为复杂，成本较高，所以舍弃这类传感器。第一类雨水传感器变化的是电容，进而影响到多谐振荡器的工作频率。电容和工作频率的数值变化，不能直接反馈给单片机进行处理，还需要对数据进行加工。在这一点上，程序的设计就有点麻烦，所以放弃这种方案。第二类电阻式雨水传感器，改变的是电阻，进而可以改变电压，而电压值的变化可以直接传送给单片机进行识别处理，无论是电路连接还是程序设计，都会简洁很多，并且，该雨水传感器的结构也很简单，成本很低，所以采用第二类雨水传感器。

3.3.2 检测人体的传感器的设计

窗户不仅起着采光照明的作用，同时也是居家安全的屏障之一。很多家庭窗户都用防盗窗来防止盗贼侵入，这种方式有一定作用，但是并不是绝对的安全，因为盗贼可以把防盗窗撬开。本次设计的智能窗户可以做到在不需要安装防盗窗的情况下防止盗贼侵入，下面就来选择可以实现这一功能的传感器。

某些电介质在其表面温度发生变化时会产生电荷，这种现象即热释电效应。热释电传感器就是根据这一原理制成的。[15]任何物体在开式温度 0 K 以上都会产生热辐射。人体的体温可以辐射 10 μm 左右的红外线，这样的红外线可使热释电传感器的电介质表面温度发生变化，因而热释电传感器可用于人体检测。[16]

热释电传感器用于检测人体红外线时，必须在其表面罩上菲涅尔透镜。该透镜为半圆形，透镜上用多边形将整个半圆形透镜分成若干个单元，相邻两个单元既不连续，也不重叠，即，从视角上，每个单元之间都有盲区。这样，当有人从热释电传感器的探测范围内经过时，在非盲区，传感器内部的热释电元件对移动的人体可以检测到，但是在盲区，热释电元件对移动的人体不能检测到。[17]因而，热释电元件的温度一会儿改变，一会儿不变，就这样交替变化，呈脉冲形式。最后，热释电元件输出的是一串交变脉冲信号，再经过后续的滤波器、放大器以及阈值比较器后，输出高电平。

按照热释电传感器的原理，它可以检测任何发出红外线的物体。而不同温度的物体发出的红外辐射波长不一样，所以热释电传感器用于检测人体时，必须加上滤光片，来过滤掉一些干扰。但即便如此，在实际使用测试中发现，热释电传感器还是会受一些可见光和热源的影响。有时候，明明没有人出现，但热释电传感器会输出高电平，提示有人出现。也有时候，人都走开了，但热释电传感器依然持续输出高电平，提示有人出现。尤其是当环境温度接近37℃时，热释电传感器的灵敏度会大大下降。

考虑到将热释电传感器装在窗户上时，外界的光源、热源等干扰因素太多，造成热释电传感器工作时的灵敏度和稳定性下降，所以不采用这种传感器。

热释电传感器确实可以检测出窗外是否有小偷出现，但是正如前面所分析的，它在工作时易受外界因素干扰，稳定性不够好。所以要实现窗外有小偷出现自动关窗这一功能时，可以换个思路，把检测窗外是否有人换成检测窗外是否有物体出现。因为正常情况下，窗外短距离内是不会有移动的物体出现的，尤其是对于二楼及以上家庭的窗户。这样，窗外有小偷出现也就几乎等同于窗外有移动的物体出现。顺着这个思路，可以考虑采用接近开关。

接近开关能检测出在一定距离内有无物体出现。当物体和接近开关的距离达到设定距离时，接近开关就会输出高电平或低电平这种开关信号。常见的接近开关只能用于特定的物体。如霍尔式接近开关，只对磁性物体起作用。所以，这些常见的接近开关不能用于本项目的设计。从广义上讲，光电传感器、超声波传感器等非接触式传感器都可以叫作接近开关。而这些非接触式传感器可以用于检测一般的物体。下面就来分别分析一下使用光电传感器和超声波传感器的可行性。

光电传感器分为光电开关和光电断续器两种。这两种传感器在原理上基本没有区别，都由红外线发射元件和光敏接收元件组成，区别在于检测距离。光电断续器的检测距离是几十毫米以内，而光电开关的检测距离可以达到几十米。[18]所以，考虑使用光电传感器时，首先要选用光电开关的。光电开关又可分为两类：遮断型和反射型。遮断型光电开关的红外发射器和接收器是相对放置的，中间留隔了一段距离，这段距离内有红外光束。当有物体从其中通过时，红外光束就会被遮挡，这样，红外接收器就接收不到红外线。这种情况下，光电开关就会输出相应信号。而反射型的光电开关又可分为反射镜反射型和散射型。反射镜反射型其结构和遮断型很类似，不同之处在于这种光电开关可以去掉反光物体的干扰。因为反光物体也可以反射红外线，这样，遮断型光电开关就无法发挥其作用。而反射型光电开关将发射元件和接收元件进行处理，使其只响应波动方向一致的偏振光，因而能去掉反光物体反射非偏振光的干扰。散射型光电开关的红外线发射元件和接收元件都分布在同一侧，这使得其安装比前面两种要方便。根据物理知识可知，只要不是全黑的物体都能产生漫反射。散射型光电开关的红外线发射元件发出一定频率的红外线，如果红外线接收元件接收到了此红外线，则输出相应信号。

选用光电传感器是为了检测窗外一定距离范围内是否有小偷出现，人体不是反光物体，穿的衣服也不具备反光能力，所以不选用反射镜反射型光电开关。遮断型光电开关检测的准确率很高，只要中间有物体通过，就能检测出来。但是它必须要保证发射器和接收器的轴线一致。另外，遮断型光电开关也必须要安装在距离窗户一定范围内。因为小偷过来时传动装置要关上窗户，而关窗需要几秒钟的时间，所以必须要提前检测出小偷来了，为关窗留出缓冲时间。并且，遮断型光电开关也必须保证一定的安装高度，因为如果安装得太矮，小偷是可以迈过去的，这样，如果小偷过来，就无法检测出来。与遮断型光电开关相比，散射型光电开关就不存在这些问题。它可以安装在窗户上沿，发射器向下倾斜，可以设定好 80 cm 以内的任何距离。当小偷到达设定好的距离以内时，散射型光电开关可以立即检测出并且立即输出开关量。并且，一般而言，散射型光电开关所发射的红外线有 15°的指向角，所以检测的范围会更大。另外，人即使是穿着全黑的衣服，面部总归不是全黑色的，还是可以形成漫反射的，所以在实际使用过程中，散射型光电开关是可以及时检测出小偷过来的。因此，选择散射型光电开关要比其他两种更合适，可行性更高。

与光电传感器类似的是，超声波传感器也是由发射器和接收器组成的，不同的是，光电传感器发射的是红外线，而超声波传感器发射的是超声波。[19]超声波传感器可分为透射型和反射型。透射型超声波传感就类似于遮断型光电开关，中间有物体通过时就会输出相应信号。而反射型超声波传感器就类似于散射型光电开关，发射器和接收器在同一侧。前面已经就遮断型光电开关和散射型光电开关的利弊做了一番分析，这里透射型和反射型超声波传感器与之类似，就不再赘述，选择反射型超声波传感器更好。

反射型超声波传感器可用于接近开关或测距等。在本次设计中，用于接近开关或测距都可以达到目的。不同的是，用于测距，则需要在程序中计算超声波从触发到收到回响信号的电平持续时间，将该电平时间乘以声速再除以 2，即可得到探测距离；用于接近开关，则其输出量为开关量。传感器自身存储了一个阈值，当探测结果小于这个阈值时，传感器立即输出相应的开关量。这个阈值可以根据实际情况自行设定。显然，用于测距的程序设计要比用于开关量的程序设计复杂得多，所以选择用于接近开关的反射型超声波传感器。

散射型光电开关与超声波接近开关类似，当探测结果小于设定的阈值时，输出相应的开关量。不同的是，超声波接近开关对被测物的横截面积以及表面材料有一定要求，因为这两点对超声波的反射率影响较大。但是实际用于检测小偷时，人的横截面积比较大，并且不管小偷穿什么面料的衣服，面部总归是会以较高的反射率反射超声波的，所以这两点问题可以忽略。主要问题在于，在相近的使用性能条件下，超声波接近开关的价格要比散射型光电开关贵很多。基于这一点的考量，选择散射型光电开关更好。

综合以上考虑，选择散射型光电开关，即散射型光电传感器。

3.3.3　检测燃气泄漏的传感器的设计

日常生活中，难免会发生一些安全事故，例如家中燃气泄漏。燃气泄漏有可能会引起火灾，造成家中财物损失，甚至危害生命。鉴于此，加入气敏传感器实时监测房屋内的燃气浓度就很有必要。

气敏传感器是一种检测特定气体的传感器，适宜于液化气、丁烷、丙烷、甲烷、酒精、氢气、烟雾等的探测。它将气体种类及其与浓度有关的信息转换成电信号，从而实现检测待测气体的目标。[19]

气敏式烟雾传感器的典型型号为 MQ-2 气敏传感器，因而采用 MQ-2 气敏传感器。

3.4 保护装置

前面已经论述过，用步进电机启动窗户，使窗户打开或者关闭。但是还存在一个问题，就是如何知道窗户已经完全打开或者完全关闭并让步进电机停止转动。如果窗户在完全打开或完全关闭的情况下，电机仍然在继续转动，伤害的不仅是电机，还有机械结构。所以，必须在窗户完全打开或完全关闭的情况下立即让步进电机停止转动。

解决方案一：用超声波接近开关传感器。

超声波接近开关传感器在前面已经提到过，这里就不再赘述。超声波传感器用于接近开关时，其自身存储了一个阈值，当探测结果小于这个阈值时，传感器立即输出相应的开关量。在程序中，设定该阈值，当达到这个阈值时，立即停止电机转动。

解决方案二：用限位开关。

限位开关就是限定机械设备运动极限位置的电气开关，它利用运动部件的碰撞使开关触点位置改变来实现接通或断开控制电路，达到一定的控制目的。在这一过程中，限位开关将机械位移转变成电信号，传递给单片机，单片机再将信号传递步进电机，使步进电机停止转动。在实际使用时，将窗户完全打开或者完全关闭时的位置记录下来，在这个位置处，装上限位开关，只要窗户到这个位置，就能撞到限位开关，从而让步进电机停止转动。

两种方案都能解决问题，但是限位开关比超声波接近开关传感器便宜很多，而且使用也十分方便。综合考虑，选择限位开关。

3.5 警报装置

当窗户内外发生一些情况时，窗户在自动打开或关闭时发出警报声还是很有必要的。比如，在夜间，家中发生燃气泄漏时，不仅需要及时打开窗户，还需要把家人叫醒，解决源头问题，才是根本的解决之道。

常见的警报器都是发出一种报警声，这种声音固然可以起到警报作用，但也容易让邻居误会，以为外面发生了什么大事，引起一些恐慌。再者，所设计的智能窗户用到了三个传感器，其中人体接近开关传感器和烟雾传感器触发时都有必要启动警报器，但是如果警报器只是单纯地发出固定的一种声音的警报声，那么屋主第一反应根本不知道是发生了什么情况，这样的窗户还是不够智能。考虑到这两点，决定不用传统的警报器，而采用 MP3 语音播报模块，再接上一定功率的喇叭，按照实际情况，录特定的音频来发出警报声，这样，既能知道具体发生什么情况，也能做到不引起邻居的恐慌，同时，还能让邻居知道该家庭发生的紧急情况，方便时还能过来帮忙。

选择了一款触发型的 MP3 播放模块，该模块采用 5 V 直流电供应，刚好可以直接用单片机开发板供电。模块可接喇叭或者有源音箱来播放语音。这种模块广泛应用于车载导航语音播报，火车站、汽车站安全检查语音提示等场合。模块的存储器采用 TF 卡，可以通过电脑将音频文件烧录到 TF 卡中，十分方便。模块有单键触发模式和编码触发模式，单键触发模式是直接向端口提供低电平来播放对应端口的歌曲，而编码触发模式则是通过类似于 01111 这样的编码来触发对应的第一个端口的歌曲。两种触发方式的电路接线略有不同，程序设计上还是单键触发模式更为方便一点，所以选择单键触发模式。

语音播报可以选择人工录音，也可以选择语音合成软件合成需要的语音。在这里，我采用 VoiceReader 语音合成软件合成需要的语音。打开软件，输入文字"小偷来了"，合成该语音，用于人体接近开关传感器检测到有人时播报。这样的语音，既能瞬间对小偷形成心理上的威慑作用，也能提醒屋主和邻居，有小偷想入室偷窃。当小偷离开人体接近开关传感器的探测范围时，就会停止播报该语音。输入文字"燃气泄漏，小心火灾"，合成该语音，用于 MQ-2 气体传感器检测到家中燃气泄漏或者有烟雾时播报。当家中燃气浓度或者烟雾浓度在安全阀值以下时，就会停止播报该语音。这样就能及时提醒屋主，特别是在深夜，屋主处于睡梦中，更需要这样的语音来提醒屋主家中的危险。输入文字"下雨了"，合成该语音，用于雨水传感器检测到雨水时播报。传感器检测到雨水，会及时关上窗户，同时语音播报"下雨了"。当窗户完全关闭时，该语音停止播报。

第四章　程序设计

选择好硬件之后，接下来的任务就是通过程序设计，让这些硬件发挥其作用。采用 Keil 编程软件，用 C 语言编写好相关的程序，然后烧录到单片机中。接下来就开始每个部分的独立编程，最后再将所有的程序组合在一起。

4.1　步进电机的程序设计

步进电机驱动器的作用就是把控制系统提供的弱电信号放大为步进电机能够接受的强电流信号。在这里，控制系统即单片机。单片机提供给步进电机驱动器的弱电信号有三种：① 脉冲信号；② 方向信号；③ 脱机信号。其中，脱机信号的作用仅仅是使步进电机在通电的情况下能够手动旋转，本次设计用不到此信号。单片机提供的弱电信号即脉冲信号，只有输入该信号，步进电机才会旋转。而方向信号就是控制步进电机的旋转方向的，此信号为高电平时步进电机顺时针旋转，此信号为低电平时步进电机逆时针旋转。

根据使用要求，需要给步进电机驱动器提供连续的且脉冲宽度不小于 5 μs 的方波脉冲才能驱动步进电机旋转，具体如图 4.1 所示。

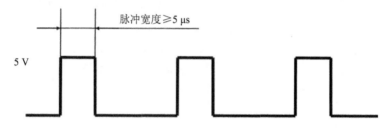

图 4.1　方波脉冲示意图

按照以上要求，编写的 C 程序如下：

```c
#include <reg52.h>
#include <intrins.h>
sbit PUL = P1^0;
sbit DIR = P1^1;
void main()
{
    unsigned int i=0;
    while(1)
    {
        DIR = 0;                    //逆时针旋转
        PUL = 1;
        for(i=0; i<50; i++)         //延时 50μs
        {
            _nop_();
```

```
        }
    PUL = 0;
    for(i=0; i<50; i++)    //延时 50μs
        {
            _nop_();
        }
        }
    }
```

4.2　雨水传感器和步进电机的程序设计

攻克完步进电机的转动问题，接下来就是设定在一定条件下，步进电机转动。在上述步进电机程序中，设定在任意状况下，只要通电，步进电机就可以逆时针转动。下面，加入雨水传感器，设定当外面下雨时，关上窗户，即步进电机逆时针转动；当外面不下雨时，打开窗户，即步进电机顺时针转动。

雨水传感器的感应板上没有水滴时，输出高电平，有水滴时，输出低电平。按照这样的要求，设计程序如下：

```
#include <reg52.h>
#include <intrins.h>
sbit PUL = P1^0;
sbit DIR = P1^1;
sbit YSC = P1^2;
void main()
{
    unsigned int i=0;
    if(YSC==0)
    {
            DIR = 0;                //逆时针旋转
            PUL = 1;
            for(i=0; i<50; i++)  //延时 50μs
            {
                _nop_();
            }
            PUL = 0;
            for(i=0; i<50; i++)    //延时 50μs
            {
                _nop_();
            }
    }
    else
```

```
        {
            DIR = 1；              //顺时针旋转
            PUL = 1；
            for(i=0；i<50；i++)  //延时 50μs
            {
                _nop_()；
            }
            PUL = 0；
            for(i=0；i<50；i++)     //延时 50μs
            {
                _nop_()；
            }
        }
    }
```

4.3　红外接近开关传感器与步进电机的程序设计

与上述程序设计类似，这次把雨水传感器换成红外接近开关传感器，当窗外有小偷准备入侵时，关上窗户，即步进电机逆时针转动；当小偷离开时，打开窗户，即步进电机顺时针转动。红外接近开关传感器检测到物体时，输出高电平。没有检测到物体时，输出低电平，按照此要求，设计程序如下：

```
#include <reg52.h>
#include <intrins.h>
sbit PUL = P1^0；
sbit DIR = P1^1；
sbit HWC = P1^2；
void main()
{
    unsigned int i=0；
    if(HWC==1)
    {
        DIR = 0；              //逆时针旋转
        PUL = 1；
        for(i=0；i<50；i++)  //延时 50μs
        {
            _nop_()；
        }
        PUL = 0；
        for(i=0；i<50；i++)     //延时 50μs
        {
```

```
            _nop_();
        }
    }
    else
    {
            DIR = 1;                  //顺时针旋转
            PUL = 1;
            for(i=0; i<50; i++)   //延时 50μs
            {
                _nop_();
            }
            PUL = 0;
            for(i=0; i<50; i++)    //延时 50μs
            {
                _nop_();
            }
    }
}
```

4.4　MQ-2 气敏传感器与步进电机的程序设计

与上述程序设计类似，这次把红外接近开关传感器换成 MQ-2 气体传感器，当家中发生燃气泄漏时，打开窗户，即步进电机顺时针转动；当家中燃气浓度降到安全值以下时，关上窗户，即步进电机逆时针转动。MQ-2 气体传感器检测到一定浓度的燃气时，输出低电平，没有检测到物体时，输出高电平。按照此要求，设计程序如下：

```
#include <reg52.h>
#include <intrins.h>
sbit PUL = P1^0;
sbit DIR = P1^1;
sbit QTC = P1^2;
void main()
{
    unsigned int i=0;
    if(QTC==0)
    {
            DIR = 1;                  //顺时针旋转
            PUL = 1;
            for(i=0; i<50; i++)   //延时 50μs
            {
                _nop_();
```

```
        }
        PUL = 0;
        for(i=0；i<50；i++)     //延时 50μs
        {
            _nop_();
        }
    }
    else
    {
        DIR = 0;                //逆时针旋转
        PUL = 1;
        for(i=0；i<50；i++)   //延时 50μs
        {
            _nop_();
        }
        PUL = 0;
        for(i=0；i<50；i++)     //延时 50μs
        {
            _nop_();
        }
    }
}
```

4.5　MP3 语音播报程序的设计

　　按照前面的论述，采取单键触发模式。首先将音频文件按 01、02、03 这样的命名方式命名，然后将此三个文件拷贝到 TF 卡里。此 MP3 的端口是低电平触发，即只要向第一个端口提供一个低电平，就马上播放第一首 MP3，以此类推。单片机控制 MP3 模块端口触发方式为高-低-高，需维持低电平 100 ms 以上。触发完后端口需要置高。

　　根据这样的要求，设计程序如下：

```
#include <reg52.h>
#include <intrins.h>
sbit A1 = P1^0;
void main()
{
    unsigned int i=0;
    while(1)
    {
    A1 = 1;
        for(i=0；i<200000；i++)     //延时 200ms
```

```
        {
            _nop_();
        }
        A1 = 0;
        for(i=0；i<200000；i++)    //延时 200ms
        {
            _nop_();
        }
    }
}
```

4.6 整体程序设计

以上的程序设计实现了单个和两个元器件的功能，但我们的设计目标是将三个传感器和语音播报模块及步进电机糅合在一起工作，并且还要加入限位开关来检测窗户是否已经完全打开或关闭。另外，在实际生活中，也常常会出现一些复杂情况。例如，下雨天小偷爬窗盗窃，下雨天家中发生燃气泄漏等。三个传感器，每个传感器的输出都有两种情况，按照排列组合，理论上应该有 8 种情况。图 4.2 列出了所有的 8 种情况和相应的开关窗选择。

情况	无	下雨	燃气泄漏	小偷	下雨+燃气泄漏	下雨+小偷	燃气泄漏+小偷	下雨+燃气泄漏+小偷
选择	开窗	关窗	开窗+警报	关窗+警报	开窗+警报	关窗+警报	开窗+警报	开窗+警报

图 4.2　可能发生的情况

在 C 语言程序中，共有三种程序结构：顺序结构、选择结构和循环结构。[20]循环结构不适合本次程序设计。所设计的智能窗户涉及 8 种情况，如果用 if 结构，会不断地嵌套各种情况，程序就会过于繁琐。在这种情况下，采用 switch 结构更加简洁方便。所设计的程序见附录 A(略)。

参 考 文 献

[1] 濮良贵，陈定国，吴立言. 机械设计[M]. 9 版. 北京：高等教育出版社，2013.

[2] 闻邦椿. 机械设计手册[M]. 5 版. 北京：机械工业出版社，2014.

[3] 魏学业. PLC 应用技术[M]. 武汉：华中科技大学出版社，2013.

[4] 张毅刚. 单片机原理及接口技术[M]. 北京：人民邮电出版社，2011.

[5] Hou Rui，Long Xu Ming，Liu Ming Xiao. A Energy Saving Control System of Mining Street LED Light Based on SCM[J]. Applied Mechanics and Materials，2014，3282(577).

[6] Gao Guanwang，Wang Yanpeng，Sha Zhanyou. The Design of Embedded MCU Network Measure and Control System[J]. Energy Procedia，2012，17.

[7] 孙建忠，刘凤春. 电机与拖动[M]. 2 版. 北京：机械工业出版社，2013.

[8] 丁伟雄，杨定安，宋晓光. 步进电机的控制原理及其单片机控制实现[J]. 煤矿机械，2005(06): 127-129.

[9] Ján Kaňuch，Zelmíra Ferková. Design and simulation of disk stepper motor with permanent magnets[J]. Archives of Electrical Engineering，2013，62(2).

[10] 范超毅，范巍. 步进电机的选型与计算[J]. 机床与液压，2008，(05):310-313, 324.

[11] 娄银霞. 基于电容式雨水传感器的智能雨刷控制系统研究[J]. 河南科学，2013，31(04): 453-455.

[12] 郭庆梁，衣娟. 雨水传感器在汽车上的应用[J]. 拖拉机与农用运输车，2008(05):67-69.

[13] 许航飞. 汽车雨量传感器设计与自动雨刮控制系统[D]. 中国计量学院，2013.

[14] 梁森，欧阳三泰，王侃夫. 自动检测技术及应用[M]. 2 版. 北京：机械工业出版社，2011.

[15] Arunkumar S，Adhavan J，Venkatesan M，et al. Two phase flow regime identification using infrared sensor and volume of fluids method[J]. Flow Measurement and Instrumentation，2016，51.

[16] 李旭华. 光电传感器原理及应用[J]. 电气时代，2004(09): 56-57.

[17] Jeon Hong Y，Zhe Heping，Derksen Richard，et al. Evaluation of ultrasonic sensor for variable-rate spray applications[J]. Computers and Electronics in Agriculture，2010，75(1).

[18] 马爱霞，徐音. 超声波传感器原理及应用[J]. 科技风，2016(01):109.

[19] 鲁珊珊，李立峰. 气敏传感器的研究现状及发展趋势[J]. 科技信息，2013(03): 282-312.

[20] 谭浩强.C 程序设计[M]. 4 版. 北京：清华大学出版社，2010.

致　　谢

　　为期 6 个月的毕业设计就这样结束了，在这半年的时间里，从检索资料到撰写论文，我得到很多人的帮助。没有他们的帮助，我很难完成毕业设计任务。

　　首先，我要感谢我的指导老师王玉鹏教授。从定下论文题目开始，王教授就为我指明了该毕业设计课题的研究方向，并强调了其重点和难点。在整个毕业设计过程中，王教授不断地督促我及时完成阶段性任务，并耐心地为我答疑解惑。正是由于王教授专业而耐心的指导，我才得以很快明确研究方向，并顺利解决相关的难点问题。

　　然后，我要感谢我大学期间所有任课老师。正是有了你们对课本深入浅出的讲解，我才能得以顺利完成机械专业所有知识的学习，并在头脑里大致地构建起了机械专业的知识体系。正是有了这个知识体系，在遇到一些专业问题时，我头脑里就会有清晰的脉络，迅速找到相关的专业课本，通过自己的独立思考去解决问题。

　　最后，我还要感谢我的同学。毕业设计过程中，我们相互之间都会激励对方努力克服困难。遇到一些问题时，总会一起讨论，互相激发灵感。携手走来，也不会感觉到孤独，为我们以后的人生道路留下一段值得回忆的经历。

实例二　基于 MACH3 控制系统的五轴数控雕刻机的设计

南京工业大学浦江学院　　2014220036　华叶涛

摘　要

数控雕刻机经过多年的发展，目前已经被广泛应用于木工、家具、工艺品等行业。本论文首先通过相关企业调研，综合分析了数控雕刻机系统结构及各种五轴结构的优缺点，然后按照任务书的要求拟定了设计的基本参数，提出了一种经济可靠的五轴雕刻机设计方案，通过 ABAQUS 软件对设计的关键部分零件的静态强度进行有限元分析，根据运行算例后得到的零件结果进行机床机身结构的分析与改进，最后通过三维建模软件对设计完成后的机械结构进行运动仿真，验证各轴进给运动方式是否符合设计要求。本论文还基于五轴加工原理及 MACH3 控制软件对数控雕刻机进行了电气控制系统设计，针对 MACH3 软件操作复杂，无法支持五轴坐标显示等方面的缺点进行显示和控制方式的优化。在五轴数控机床编程设计方面，本论文通过对 UG 软件建模的椭球零件进行工艺路线分析，编制合理的工艺流程并且在 UG 软件中生成刀路轨迹，再通过仿真加工验证刀路的正确性，最后编制适用于本课题中五轴数控雕刻机的后处理程序。

最后对所研制的五轴联动数控雕刻机进行安装调试与试运行，并通过对 UG 建模的椭球零件进行加工，证明了设计的雕刻机机械结构符合设计要求，同时也验证了电气控制系统的设计方案是可行的。

关键词：MACH3，五轴雕刻机，Solidworks，有限元分析

Design of 5 axis CNC engraving machine based on MACH3 control system
Abstract

After years of development，CNC engraving machine has been widely used in woodworking, furniture, handicrafts and other industries. The paper firstly analyzed the advantages and disadvantages of the CNC engraving machine system structure and various five-axis structures through relevant enterprise research, and then according to the task. The requirements of the book have drawn up the basic parameters of the design, and an economical and reliable five-axis engraving machine design scheme is proposed. The finite element analysis of the static strength of the key parts of the design is carried out by ABAQUS software, and the results of the parts obtained after running the example are carried out. The analysis and improvement of the machine body structure, finally through the 3D modeling software to simulate the mechanical structure after the design, to verify whether the axis feed motion mode meets the design requirements, the paper is also based on the five-axis machining principle and MACH3 control software The CNC engraving machine is designed for electrical control system. The paper is aimed at MACH3 software operation is complex, can not support the five-axis coordinate display and other face-to-face defects to optimize the display and control methods. In the five-axis CNC machine tool programming design, the paper analyzes the process route through the ellipsoidal part modeled by UG software, compiles a reasonable process flow and generates the tool path in the UG software, and then verifies the correctness of the tool path through simulation processing. Finally, the post-processing program case applicable to the five-axis CNC engraving machine in this subject is compiled.

Finally, the five-axis linkage CNC engraving machine was installed, commissioned and commissioned, and the ellipsoidal parts of UG modeling were processed. It proved that the mechanical structure of the engraving machine meets the design requirements and also verified the electrical control system. The design is feasible.

Key Words：MACH3；five axis engraving machine；Solidworks；finite element analysis；

目　　录

第一章　绪　　论

1.1　课题研究背景和意义

雕刻起源于中国本土，有着悠久的历史，在雕刻首饰和工艺品上发展得最为成熟。历史上无数的能工巧匠，成就了无数盛载美誉的雕刻精品。这些雕刻大作不仅为鉴赏家们使用赏玩，而且还被礼学家们诠释美化，成为具备政治、宗教、道德、文化、财富等内涵的特殊艺术品。随着科技的发展，雕刻机作为加工精美产品的工具，正在展现出广阔的发展前景。数控雕刻机的产生既可以缩短加工时间，还可以提高加工效率和质量。随着雕刻机技术的发展，雕刻机的功能也向着多样化发展，应用前景也更加广阔。

越来越多的企业在五轴加工技术的使用中受益。五轴加工技术，与现在常见的三轴加工技术不同，是一种科技含量高，可用于加工复杂曲面的新型加工技术，被广泛用于精密零件的加工制造中。五轴加工技术适用面广，但是技术难度大，发展五轴加工技术，有利于提升国家自动化发展水平。目前成熟的五轴技术掌握在日本、德国等发达国家手中，他们对中国等发展中国家实行了严格的技术封锁和价格垄断，高昂的售价让五轴加工技术难以普及，因此有必要研制一台造价相对低廉，但运行原理相同的经济型五轴数控雕刻机。

1.2　数控雕刻机的发展概况

中国机械制造业近几年的迅猛发展，拉动了本土的雕刻机行业的发展。我国雕刻机起步于经济型机床，经过十几年的发展，有些雕刻机已经相当完善，甚至有些品牌已经出口海外。

随着雕刻机技术、机械技术和盘算机技术等科学技术的开展，雕刻机的功用会越来越强大，性能会越来越稳固，应用也将会越来越普遍。通过对近十几年雕刻机技术的研究，雕刻机制造正在朝着如下几个方向发展：

(1) 精细化。工作者们对于电气部分和机械部分的研究，大大提升了雕刻精度。例如控制部分由原本的开环控制转向精度更高的闭环控制。雕刻机通过反馈弥补误差，大大提升了雕刻精度。制造技术与装配工艺上的改善，也使得制造出来的产品误差更小。

(2) 高效化。伺服技术的改良，步进电机稳定性的提升，刀具性能的改善，软件控制上的优化，都使得雕刻机向着高效化发展。

(3) 高速化。随着网络和通信技术的发展，数字化雕刻机正在迅猛发展，在不久的将来，数控雕刻机将会进入我们生活的方方面面。

第二章　五轴数控雕刻机总体方案设计

2.1　设计要求

根据任务书要求，本课题设计的经济型五轴数控雕刻机需要满足如下几点要求：

(1) 使用标准 G 代码，在计算机控制下进行五轴联动加工。

(2) 机床应具有一定的刚度和稳定性，能够满足加工材质较软的材料，例如木材、塑料、铝合金等。

(3) 控制系统应与机械结构分开设计，方便拆卸与维护。

(4) 设计的机床应具备较低的制造成本，同时还应具有一定的加工精度。

2.2　五轴数控雕刻机的设计流程

五轴数控雕刻机通常由机床床身部分、进给驱动结构、电气部分、控制系统及控制软件等组成。设计五轴数控雕刻机之前，首先需要对五轴数控雕刻机的国内外发展现状进行了解，了解五轴机床运动形式，再进行系统分析，设计合适的机械结构，以满足课题需要。然后通过 Solidworks 进行三维设计并制作装配图，使用 AutoCAD 绘制二维零件图。之后，对关键零部件进行有限元分析，分析是否满足强度要求。以上便是机械结构的设计。对于电气控制系统的设计，首先需要研究各个电气元件的工作原理，然后需要绘制电气原理图，按照元件规格设计相应的电气箱布置图和接线图，最后绘制箱体加工图。

2.2.1　五轴数控系统的选择

本课题设计的经济型五轴数控雕刻机，是指基于 PC 的 MACH3 数字控制系统，使用该系统免去了使用 VB、C++等语言开发数控系统的麻烦。MACH3 软件是由美国 ArtSoft 公司开发的基于 Windows 平台的控制系统。MACH3 控制系统使用 PC 的 25PIN 并口作为数据传输接口与 CNC 设备进行通信和插补运算，同时也作为 CNC 设备的输入与输出端口，用来控制脉冲信号与方向信号，从而驱动伺服电机驱动器，再通过驱动器和滚珠丝杠驱动各轴实现坐标进给运动。该系统既可以接受国际标准的数控 G 代码，还能实现五轴联动带线性插补功能，所以被广泛运用于各种类型雕刻机上。

2.2.2　五轴数控雕刻机的主要参数确定

本课题所设计的雕刻机，主要用于一些材质较软、易切削材料的加工，例如木材、塑料、铝合金等，并可以用于圆锥面或者圆柱面上的图像、文字雕刻。根据其加工产品的特点，确定五轴数控雕刻机参数如表 2.1 所示。

表 2.1　五轴数控雕刻机参数表

主要参数	数值
雕刻机 X、Y、Z 行程/mm	300/450/150
圆形工作台直径/mm	100
摇篮工作台摆动角度/°	10～110
主轴转速 n/min	6000～24 000
主轴功率/W	400
加工精度/mm	0.02
主轴冷却形式	风冷

2.3　五轴数控雕刻机机械结构设计

通过企业调研，五轴加工中心分为卧式和立式两种，首先综合比较两种结构的优点，设计合适的运动方案；然后进行机械零件的设计并绘制成装配图；之后，将机械结构按照各零件制作二维加工图进行加工；最后绘制标准元件的 BOM 表。

2.3.1　机械结构总体方案的确定

五轴联动雕刻机有多种布局方案，每种布局各有特点，在设计阶段首先需要根据加工工件类型确定最适合的方案。其中一种最常见的解决办法就是采用五个运动轴，其中有三个直线坐标轴和两个旋转坐标轴，其中三个直线坐标是唯一的，为 X、Y、Z。但旋转坐标选取的方式可以是多样的，因此五轴数控机床就有了多种不同的配置方式，通过对这些结构的分类，目前常见的五轴机床可以分为刀具摆动型、工作台回转型和刀具与工作台回转型三大类型。

本课题采用工作台回转型的五轴结构，因为其加工范围广，且易于实现。其中雕刻机机身使用 6061 铝合金板加工而成，采用 X、Y、Z、A、C 五轴联动立式结构的机械结构设计，机架为龙门式结构，运动方式采用龙门架移动，工作台固定(即动梁定工作台式)，AC 轴采用工作台回转的运动方式，即摇篮式结构。步进电机驱动五个轴完成坐标运动，传动装置采用丝杠－螺母传动副，通过梅花联轴器与步进电机轴伸端相连接，并且在 Z 轴上安装一个可以高速转动的电动机驱动雕刻主轴。数控雕刻机机械结构示意如图 2.1 所示。

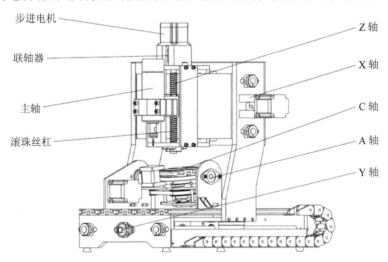

图 2.1　机械本体部分示意图

2.3.2　五轴数控雕刻机的 X 轴设计

雕刻机的 X 轴安装在龙门架上，由龙门支架、菱形支撑座、步进电机、步进电机座、联轴器、滚珠丝杠及螺母、光轴及滑块等元件组成，见图 2.2。X 轴步进电机采用 57 步进电机，选用扭矩为 1.35 N·m、型号为 57FH13-03 的步进电机。若步进电机需要正常工作，则步进电机驱动器电流需设置为 2.0A。当步进电机接收到脉冲时，通过与之相连的联轴器带动滚珠丝杠旋转，最终转变为 X 轴滑台的运动。课题中选用的是 1605 滚珠丝杠，其导程 P_h 为 5 mm，步进电机步距角为 1.8°，则步进电机旋转 1 周需要 360/1.8 = 200 个脉冲。为了提高控制精度，步进电机需要开启细分功能，在步进电机驱动器中设置为 16 细分，则需要 200 × 16 = 3200 个脉冲，即步进电机通过联轴器带动丝杠运转一周，X 轴滑台位移 5 mm。步进电机每接收一个脉冲，X 轴滑台位移 d 为

$$d = \frac{360 \times M}{1.8 \times P_\mathrm{h}} = \frac{360 \times 16}{1.8 \times 5} = 640 \, (脉冲/毫米) \tag{2-1}$$

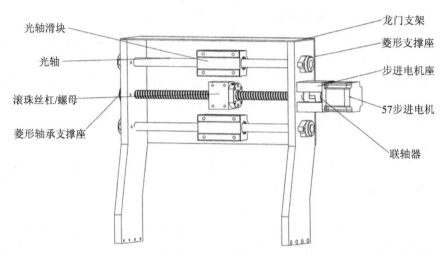

图 2.2　X 轴结构的 Solidworks 设计图

2.3.3　五轴数控雕刻机的 Y 轴设计

Y 轴位于雕刻机工作台的底部，通过 Y 轴滑台侧边的沉头螺孔与 X 轴结构相连，在整个结构中起支撑作用。考虑到五轴结构中的 AC 轴加入，会使得龙门支架高度变高，为了保证加工时的稳定性，需要尽可能地降低 Y 轴前后面板的高度，这样可以降低机架重心，使加工过程更加稳定。最终采用如图 2.3 所示的 Y 轴结构设计方案。Y 轴结构与 X 轴基本相同，由工作台、滚珠丝杠及螺母、光轴及滑块、57 步进电机、联轴器、支架、前后面板等组成。Y 轴的前后面板通过 5 根长度为 450 mm 的 1560 铝型材相连接，铝型材中的 T 型槽，可以用于夹持工件及各种工装夹具的安装。为了减小雕刻机主轴高速切削时产生的震动，前后面板上设计了脚垫安装孔。

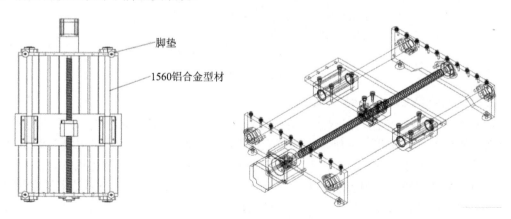

图 2.3　Y 轴结构的 Solidworks 设计图

2.3.4　五轴数控雕刻机的 Z 轴设计

Z 轴安装于 X 轴上，由 Z 轴滑块、滚珠丝杠及螺母、空心光轴及直线轴承、57 步进电机、联轴器、雕刻机防尘罩等结构组成，见图 2.4。其采用和 Y 轴相同的步进电机。Z 轴结构的大小，会影响 X 轴及 Z 轴的有效行程，所以将 Z 轴结构中用于支撑滑块滑动的光轴滑块改为功能相同但体积更小的直线轴承。同样的，为了节约 Z 轴上面板的空间用于步进电机支架的安装，设计时将原本在 XY 轴上使用的菱形支撑座替换为内部攻螺纹的空心光轴，用 M8 的内六角螺丝固定。这样缩短了 Z 轴结构的体积，设计出来的 Z 轴结构更加紧凑，不仅能最大化地利用 X 轴和 Z 轴空间，同时还兼具一定的美观性。最后，结合大学生创新课题中研制的三轴雕刻机的不足，特别针对雕刻时会有大量碎屑及粉末进入 Z 轴结构内部这一问题，设计了封闭式的 Z 轴结构，其中风琴式防尘罩可用于防止前端切削粉尘的进入，左右两侧的盖板可以遮挡侧面粉尘，有效避免了 Z 轴出现异响、传动效率下降等问题的产生。

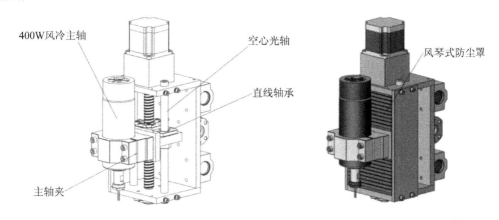

图 2.4　Z 轴结构的 Solidworks 三维设计图

2.3.5　五轴数控雕刻机的 A/C 轴设计

A 轴安装在工作台上，由 57 步进电机、同步带轮、菱形支撑座、光轴等组成。A 轴转动时需要承受部分摇篮式五轴结构的重量，因此工作时需要较大的扭矩驱动，所以选择 57 步进电机作为 A 轴的动力源。C 轴结构安装在 A 轴上，由同步带轮、步进电机、工作台，光轴等组成。C 轴转轴固定在菱形轴承支撑座上，且只需承受工件及其夹具的重量，所以旋转时需要的扭矩很小，C 轴只需选用 42 步进电机作为动力源，这样既可以安装更大的工作台，又可以减小 C 轴体积。选择型号为 42FH02-01 的 42 步进电机。为了使 C 轴步进电机正常工作，C 轴步进电机驱动器电流应设置为 1A。与 A 轴相同，C 轴选择的减速机同样是同步带减速，减速比为 1：6。AC 轴结构如图 2.5 所示。

对于 A、C 两轴，选用的步进电机步距角为 1.8°，此时步进电机旋转一圈，需要接收 360/1.8 = 200 个脉冲，即步进电机每 200 步旋转一周。转台的减速比 $i = 6$。为了使设置中步进电机得到脉冲后旋转的角度可以整除，步进电机驱动器最好设置为 4 细分，在软件设置时取小数点后三位。这样控制精度提高了四倍。数控系统每输出一个脉冲，A、C 两轴所转的角度为

$$a = \frac{360}{200 \times I \times M} = \frac{360}{200 \times 6 \times 4} = 0.075°/\text{脉冲} \tag{2-2}$$

即步进电机每接收一个脉冲，旋转 0.075°。

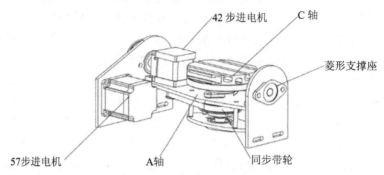

图 2.5   AC 轴结构示意图

2.4   五轴数控雕刻机电气控制系统设计

根据设计要求，电气结构应该与机械结构相互独立，使用时通过数据线相连接。为了使结构紧凑美观，各种电气元件例如接口板、步进电机驱动等元器件应该有序排列。完成这些要求，首先需要进行电气元件规格研究，研究各个电气元器件的工作原理，画出简洁清晰的电气构成图，其次需要将各个元器件根据电气原理进行合理布局，设计一个电气控制箱用于电器元件的摆放，最后整理相关文件并绘制电气控制箱加工图。

2.4.1   五轴数控雕刻机电源回路设计

为了提高机床系统的稳定性，电气结构中需要安装两个工作稳定的开关电源，其中 24 V 的开关电源给主控制板上的各类接口和步进电机驱动器提供电压，36 V 开关电源给主轴电机供电。为了使各类元器件正常工作，通过对各部分系统功率消耗的计算并留出充分裕量，开关电源选用额定电流大于 5A 的型号。设计完成后的电源回路见图 2.6。

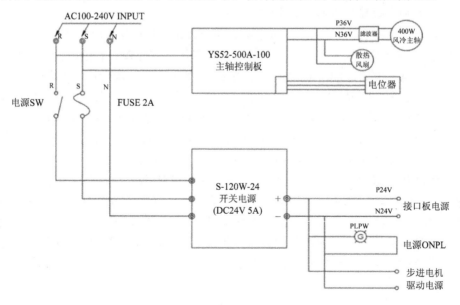

图 2.6   五轴数控雕刻机电源回路图

2.4.2 控制系统原理分析及 I/O 信号端口配置

在电气系统设计中，选用性能比较稳定的通用型 MACH3 接口板作为雕刻机运动的控制系统。驱动步进电机的控制信号是通过 PC 的并口传输给步进电机驱动器，从而控制雕刻机运动。PC 通过并口数据线控制机床运动的原理如图 2.7 所示。

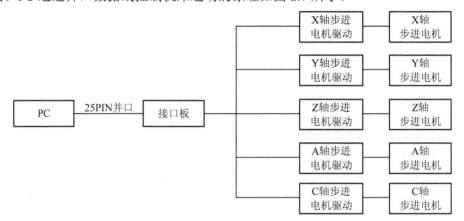

图 2.7 PC 机通过并口控制机床运动原理图

这里选用独立的步进电机驱动器，虽然结构不如集成在控制卡中简单，也会增加接线的复杂程度，但是优点在于故障出现的时候可以方便地进行更换。步进电机运动需要接收两个信号，其中一个是脉冲信号，另一个是方向信号，脉冲信号控制运动，方向信号控制转向。PC 通过并口驱动步进电机的原理是：PC 输出的脉冲和方向信号，通过功率放大器，驱动步进电机，最终使雕刻机运动。在分配端口与针脚时需考虑到并口信号的特征，因为某些输出口除了能作为脉冲输出外还具有其他特殊功能。为了使五轴数控雕刻机能够正常运行，在分配 I/O 端口时，首先需要确保这些特殊的端口不被占用。经过合理分配，MACH3 接口板的 I/O 端口配置如图 2.8 所示。

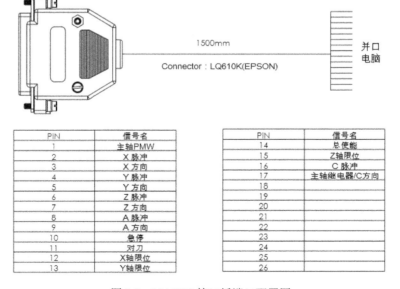

图 2.8 MACH3 接口板端口配置图

2.4.3 五轴数控雕刻机控制系统布局设计

设计完成后的雕刻机电气控制系统布局如图 2.9 所示。控制系统布局设计主要为电控部分设计，首先需要设计一个大小合适、可以安放所有电器元件的钣金箱体，控制箱背面应开设安装孔用于安装电源开关、保险丝、电源指示灯、插座、航空插头等。另外还需预留 USB 和并口的位置，用于电气控制箱与 PC 的连接。电气控制箱的正面需要安装主轴调速旋钮，并用一个双联开关切换手动调速和 G 代码调速；另外还需要安装一个急停按钮，当有危险发生时能够快速有效地控制设备停止。电气控制箱内元器件安排要清晰合理，在保证散热的前提条件下最大化地使用空间。电控部分的布局图和配置图分别如图 2.9 和图 2.10 所示。

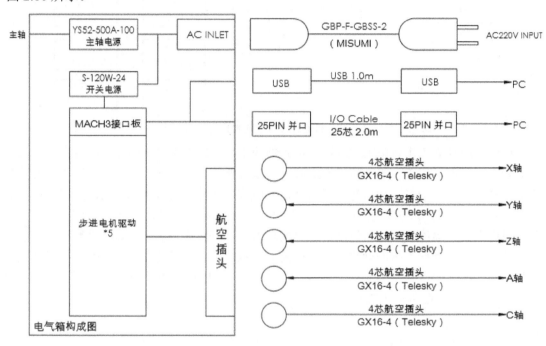

图 2.9　电气控制部分布局图

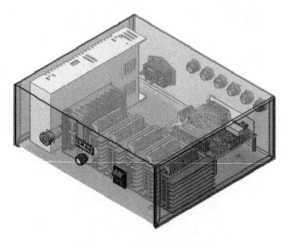

图 2.10　电控部分配置图

2.5 MACH3 控制软件概述及控制方式优化

标准的 MACH3 软件只支持四轴的坐标显示与控制,想要实现对于五个轴的联动加工,首先必须支持五个轴的坐标显示。其次,为了使用起来更加简单高效,方便各个命令的查找与使用,需要对 MACH3 软件的控制方式进行优化设计。经过设计后的软件页面上要保留开始、暂停、急停、加载代码等常用功能,还需加入五轴坐标显示、手动代码输入等功能。这里需要用到软件 Machscreen 编辑器,软件的基本操作界面如图 2.11 所示。上侧为软件导航栏,执行软件的快捷命令,中间部分为编辑效果的预览窗口,右侧的属性窗口负责调节按钮大小、位置并定义其功能,也可以实现自定义功能的按钮,例如对刀等操作,这些需要使用 VB 脚本语言进行编程开发。

按照设计要求,优化后的 MACH3 控制软件效果如图 2.11 所示。相比于原有界面,上述优化设计精简了一些使用频率很小的按钮,不但使其界面更加简洁,方便操作,降低了初学者上手的难度,同时也增大了代码和图形显示窗口,使加工过程显示更加完整清晰。

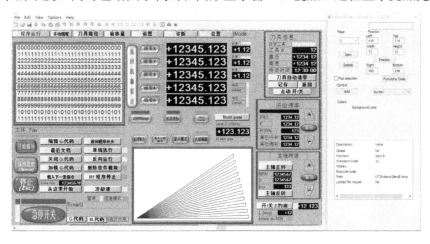

图 2.11 优化后的 MACH3 控制软件界面图

第三章　五轴联动雕刻机的安装与调试

3.1　五轴数控雕刻机总装图与 BOM 表绘制

通过对五轴数控雕刻机的机械及电气结构设计，绘制出如图 3.1 所示的总装图后，即可确定机械及电气元器件的 BOM 表。其中 BOM 表中的加工件需厂家按照图纸要求进行加工。零部件制作完成就可以开始五轴数控雕刻机的调试和安装了。

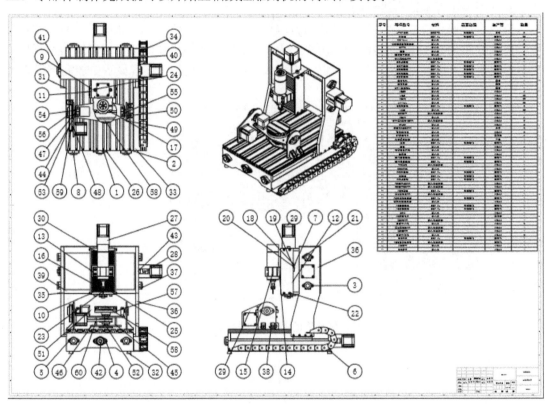

图 3.1　五轴数控雕刻机总装图

3.2　五轴数控雕刻机控制系统安装调试

五轴数控雕刻机的电气箱安装，需要参照电气控制箱的配置图摆放各个元器件，特别需要注意的是脉冲信号线需要和高压电源线分开接线，防止强电干扰脉冲信号。此外，电气控制箱应接地。上述步骤完成后，需要清理箱体内多余的残留物，保持箱体清洁。电气控制箱安装后的实物图如图 3.2 所示。

图 3.2　安装完成的电气控制箱

3.3 MACH3 软件参数及脉冲设置

安装好电气部分后，还需要对软件进行相应设置，从而完成对五轴数控雕刻机的控制。参照电气设计部分调整端口与针脚，使 PC 可以通过并口针脚正确控制雕刻机的运动并实现相应功能，设置完成后的端口与针脚设置如图 3.3 所示。

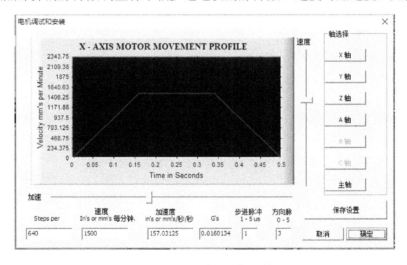

图 3.3　MACH3 软件端口设置

其次按照计算的脉冲数调整各个轴步进电机的脉冲数、速度与加速度，见图 3.4。

图 3.4　设置步进电机参数

3.4 五轴数控雕刻机的总装与调试

完成机械电气及软件安装与设置后，首先将 PC 与电气控制箱用并口数据线连接起来，其次用航空插头将电气控制箱和雕刻机连接，清扫接线组装时产生的垃圾，组装完成后的实物图如图 3.5 所示。经过加工验证，连续运行五小时无故障，达到了本次毕业设计的任务要求。

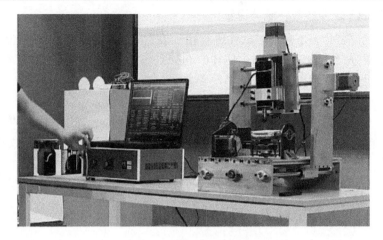

图 3.5　安装完成后的五轴数控雕刻机

第四章　总结与展望

通过对五轴数控雕刻机的安装与调试，本课题设计的五轴数控雕刻机能够在计算机控制下实现五个坐标轴进行联动加工，后期通过对零件模型的加工验证，证明了本课题设计的雕刻机机械结构符合设计要求，同时也验证了电气控制系统的设计方案是可行的。

对比市场上动辄上百万的五轴加工设备，本课题设计的五轴数控雕刻机制造成本只有其百分之一，同时相对简单的控制系统不但可以方便地学习五轴加工的相关原理，还有利于设备的维护，有效地解决了五轴加工技术的发展瓶颈，为五轴技术的国产化提供了广阔的发展前景。本课题设计的五轴数控雕刻机，通过对于控制软件的优化设计，降低了学习与上手难度，可以用于高校的数控教学，同时也是高校科研课题的重要参考，还可以作为大学生实践的研究对象。

虽然本课题设计的五轴雕刻机取得了初步成功，但是由于时间和加工设备原因，最后做出的成品也未能像设计图一样完善。通过本次课题的实践与反思，还需要在以下几个方面进行改进。

(1) 对于机床床身结构，采用铝合金机架虽然达到了设计要求，但实际加工时可以换用稳定性更高的铸铁作为机身材料。

(2) 对于摇篮式 AC 轴结构，为了获得更好的控制精度，应该将同步带减速机构换成行星减速机构。

(3) 对于控制系统部分，可以对 MACH3 软件进行功能的开发，例如利用控制板上的对刀接口，开发一套实用性高的五轴对刀系统。

最后，随着科技发展，数控雕刻机的使用不仅仅局限于工艺品的加工，市场上已经出现了基于三轴雕刻原理的食品打印机，用于咖啡、奶茶等饮料表面花纹的打印。结合计算机技术的发展，我们有理由相信，雕刻机的应用范围将更加广阔，在不久的将来会融入我们生活的方方面面。

参 考 文 献

[1]　赵国勇. 烟气轮机动叶片曲面五轴加工技术研究[D]. 兰州理工大学，2016.

[2]　梁铖，刘建群. 五轴联动数控机床技术现状与发展趋势[J]. 机械制造，2010，48(01):5-7.

[3]　Shi Rong Bo，Yan Ji Ming，Guo Zhi Ping，et al. A New Test Part for Detecting Processing Accuracy of Five Axis CNC Machine Tools[J]. Advanced Materials Research，2012，1670(468).

[4]　张士雄. 数控机床用高性能交流伺服驱动控制技术研究[D]. 广州：华南理工大学，2010.

[5]　五轴加工技术人才紧俏[J]. 机械工程师，2015(01):9.

[6]　陈涛，周莉. 五轴联动数控机床及其应用[J]. 模具制造，2012，12(08):74-76.

[7]　李忠新，黄川，刘延友. 高速切削加工关键技术及发展方向[J]. 中国工程机械学报，2014，12(01): 48-51.

[8]　张政泼，覃学东. 五轴联动机床的结构性能分析与设计探讨[J]. 装备制造技术，2009(10): 5-8+11.

[9]　朱明皓，孙虎，邵立国. 工业基础能力托起中国制造2025[J]. 装备制造，2014(08): 46-49.

[10]　陈秋亮. 新型五轴联动数控机床关键部件的结构设计与优化[D]. 扬州大学，2013..

[11]　王瑜炜，秦辉. 中国信息化与新型工业化耦合格局及其变化机制分析[J]. 经济地理，2014，34(02): 93-100.

[12]　Sun Dian Zhu，Liu Jian，Li Yan Rui，et al. An Algorithm for Generating Multi-Axis NC Machining Tool-Path on Scattered Point Cloud[J]. Advanced Materials Research，2010，1037(139).

[13]　蒲卫华. 浅析数控机床的发展进程及趋势[J]. 四川劳动保障，2016(S1): 160-164.

[14]　蓝天. 世界机床发展的五大趋势[J]. 航空制造技术，2002(05): 60.

[15]　Zhou Na，An Zhiyong，Jia Bing，et al. Research on Complicated Surfaces Measurement Technology Based on Laser Radar[A]. Proceedings of International Conference on Micro/Nano Optical Engineering(ICOME)[C]. 2011.

[16]　唐宁宁. 数控机床故障分析与可靠性评价技术分析[J]. 时代农机，2017，44(03): 48-50.

[17]　沈文磊，冯宁宁. 国内大型机床研发朝着高精度的新趋势向前发展[J]. 科技风，2015(07): 85.

致　　谢

衷心感谢机电学院各位老师对我这四年来专业知识方面的传道授业，在此由衷感谢吴金文老师对本人的精心指导。在吴老师的悉心教导下，我了解了论文的基本写作方法，吴老师还结合他在机械制造工艺学方面的经验，在设计出图的时候提出了很多改进建议，他的言传身教将使我终生受益。从毛坯到成品的加工也离不开吴老师的帮助。衷心感谢企业中的同事们对我的帮助和指导，在他们的帮助下，我克服了很多困难，改善了设计图中不合理的地方。最后感谢家人对我生活上的支持，使我有足够的资金和精力来完成我的论文。

附录 A　南京工业大学浦江学院毕业设计（论文）工作办法（试行）

理工类专业

　　高等学校理工科专业的毕业设计(论文)教学过程是实现本科培养目标要求的重要培养阶段，也是学生在大学期间的最后学习阶段。在此阶段，学生将进一步受到科学研究方法、工程设计方法与实践的基本训练，并对大学期间所学知识进行全面总结与综合应用，从而实现实践能力、创新能力与综合素质的全面提高，为其毕业后独立地进行工程实践或科学研究奠定初步基础。

　　为了切实保证我院本科生毕业设计(论文)的教学质量，学校组织制订《南京工业大学浦江学院毕业设计(论文)工作办法(试行)》。

一、教学要求

　　毕业设计(论文)是应届毕业生在毕业前接受课题任务，在教师指导下独立进行工程实践或科学研究并取得成果，完成论文撰写的过程。

　　毕业设计(论文)进行的过程中，首先必须对预定的任务目标进行全面了解，通过调查研究获取信息，并对获取的信息进行加工整理，通过分析各种解决问题的技术途径以及关键要素，提出可能达到预期目标的最佳解决方案，并最终用论文的形式作出科学的、完整的表述。

　　毕业设计(论文)的教学要求是：

　　1. 加强学生综合运用基础理论与专业知识的能力训练，使所学理论知识得到巩固、提升和扩展。

　　2. 使学生受到科学研究方法和工程设计方法的基本训练，以及运用工程经济学的观点处理实际问题的初步训练，培养学生独立分析并解决科学技术和工程实际问题的能力。

　　3. 加强学生基本技能的训练，包括查阅中外文献资料、设计与计算、综合分析、绘图、实验、测试技术、计算机应用、撰写技术文件以及口头表达能力等。结合毕业设计(论文)课题，要求学生查阅不少于 10 篇文献资料(其中专业外文资料不少于 1 篇)，并完成 20000 印刷符号以上的译文，作为毕业设计(论文)的附件与论文一起交评。

　　4. 培养学生认真负责，实务求真、勇于创新的科学态度和刻苦钻研、团结互助、协调工作的优良作风。

二、组织与管理

1. 毕业设计(论文)工作在学校主管教学校长领导下,采取教务处、学院(部)二级分级负责的管理办法组织实施。教务处、学院(部)管理职责见《毕业设计(论文)工作各级岗位职责》。

2. 为了作好毕业设计(论文)工作,各学院(部)要成立毕业设计(论文)工作领导小组。

3. 必须充分认识到毕业设计(论文)动员对于整个毕设阶段工作至关重要的作用。应在第七学期结束前,各学院(部)做好毕业设计(论文)动员,并由学院(部)毕业设计(论文)工作领导小组主持,组织有关指导教师和学生认真学习《南京工业大学浦江学院毕业设计(论文)工作办法(试行)》,领会精神,明确要求。同时对学生落实好毕业设计(论文)的选题,以便指导教师与学生作好开题准备,及早进入课题。学院鼓励优秀学生提前进入毕业设计(论文)工作。

4. 毕业设计(论文)进行过程中,各学院(部)应分别在前、中、后三个阶段进行工作检查。检查的重点是:

(1) 前期:着重检查指导教师到岗情况与工作情况,如进行课题的条件是否具备、学生开题情况以及存在的困难等,并协助解决。

(2) 中期:着重检查学风、工作进度以及工作进程中出现的新问题和存在的困难等。要求教师根据学生的不同特点有针对性地进行指导,并及时向教务处汇报中期检查情况,采取解决措施。

(3) 后期:着重检查毕业设计(论文)工作进度与完成质量,并要求指导教师对学生进行初步考核,为毕业答辩作好准备。

5. 毕业设计(论文)答辩开始前一周,各学院(部)成立答辩委员会以及各专业答辩小组,各学院(部)答辩委员会负责组织答辩工作。

6. 毕业设计(论文)进行过程中,教务处将选派督导专家组,对各院(部)的工作情况予以抽查。

7. 毕业设计(论文)工作结束后,各学院(部)必须认真进行书面总结上报教务处。工作总结的内容可以参阅本手册中有关内容。

8. 毕业设计(论文)的原件、附件等材料由各学院(部)整理并保存,保存期暂定4年。校级优秀毕业设计(论文)由教务处档案室保存。有关材料在保存期间可以通过正式手续借阅。存档前教务处将对毕业设计(论文)进行抽查。

三、指导教师

毕业设计(论文)教学实行指导教师负责制。每个指导教师应对其所指导学生的整个毕业设计(论文)阶段的教学活动全面负责。充分发挥指导教师的作用是提高毕业设计(论文)教学质量的关键之一。

1. 指导教师应由具有中级职称(或硕士学位)以上教师或工程技术人员担任,其中高级职称人员应占一定比例。

2. 经学院(部)负责人批准,学生可以在校外单位进行毕业设计(论文)工作。在校外进行毕业设计(论文)时,必须配备校内指导教师,再辅以聘请校外具有中级以上职称人员担任兼职指导。

3. 每位教师指导的学生人数不宜超过 8 人。对有辅助教师协助指导或者学生在校外做毕业设计(论文)并聘请了校外兼职指导教师的，允许适当增加指导的学生人数。

四、学生

毕业设计(论文)是学生毕业及学位资格认证的重要依据之一，每个学生都必须自始至终参加并完成这一教学环节。

要求学生做到：

1. 认真独立地完成毕业设计(论文)任务书所规定的全部工作任务，充分发挥主动性和创造性，坚持实事求是的科学态度，刻苦钻研，力争高质量地完成毕业设计(论文)。

2. 要尊敬教师，服从安排，遵守纪律。学生在毕业设计(论文)阶段的考勤与纪律要求，按照"南京工业大学浦江学院本科生学籍管理条例"中的有关规定执行。

3. 严格遵守实验室有关的规章制度和实验操作规程，爱护仪器设备，节约材料及水电，确保安全，培养文明作风。

4. 学生必须按照《本科生毕业设计(论文)撰写规范》认真撰写毕业设计(论文)及附件，其中应包括规定阅读的外文资料原文、译文或笔记等材料，经指导教师审阅之后，至少在答辩前三天交论文评阅教师评阅。

5. 学生必须参加毕业设计(论文)答辩。答辩前学生应认真做好准备工作，如准备好发言提纲、有关的图表、文字说明等。通过答辩者方能取得毕业设计(论文)的学分。

五、选题

1. 毕业设计(论文)课题的选择是衡量这个环节教学质量的重要标志之一。选择课题应从本专业培养目标要求出发，并尽可能具有一定的发展与创新性空间，使之有利于巩固和拓宽学生的知识面、有利于对学生知识应用、科研以及独立工作能力的培养。

2. 毕业设计(论文)的选题应尽量结合教学、科研、生产、实验室建设或社会的实际需要。鼓励与科研院所、企业进行各种形式的合作，选择对方的实际工程问题作为毕业设计(论文)的选题。

3. 毕业设计(论文)内容的难度和完成工作量要适当。应确保学生在教学计划规定的时间内，在教师的指导下经过努力能够完成任务书所要求的工作。几个学生共同做一个较大的课题时，每个学生应该有明确的独立完成部分。

4. 贯彻因材施教的教学原则。课题内容在保证达到教学基本要求的前提下，可以因学生个人基础、能力等方面的差异而有所不同，从而使得各类学生都能充分发挥其主动性和创造性。

5. 在满足毕业设计(论文)教学基本要求的基础上，课题类型可以多样化。鼓励学生参与选题，对于学生个人提出的有创见的选题，经各学院(部)审查批准后可以列入毕业设计(论文)的题目，并在毕设成绩评定时予以适当倾斜。

6. 选题汇总并由各学院(部)审定之后，应于论文正式开始前一个月向学生公布。在专业教师的指导下，学生应认真思考，并确定本人的选题。选题一经确立，不得任意变更。如有特殊情况确需更改时，必须由学生和指导教师共同提交选题更改报告，经各学院(部)批准后方可执行，并报教务处备案。

六、答辩

1. 各学院(部)成立答辩委员会，下设若干答辩小组。答辩委员会由各学院(部)负责人、答辩小组长以及本专业中有影响的教师组成。答辩小组人数以 3～5 名为宜,组长应由有经验、责任心强的教师担任,成员可以是具有本专业讲师以上职称(或硕士学位)的教师,也可以聘请外院、外校相应职称的教师。

2. 毕业设计(论文)应由除指导教师外的答辩小组 1 名以上教师认真评阅,写出评阅意见与评分,评分不及格者不得参加答辩。评阅教师应同时准备好不同难度的问题,以备在答辩时提问选用。

3. 答辩由院(部)答辩委员会主任或答辩小组组长主持。每次答辩的时间掌握在学生汇报 10 分钟左右,教师提问 15 分钟左右。

4. 优秀毕业设计(论文)可由学生本人申请,指导教师与评阅教师共同推荐,在小组答辩开始之前,由各学院(部)答辩委员会在全学院(部)范围单独组织答辩。

5. 毕业答辩结束后,答辩小组应对学生给出成绩评定和论文工作评语,由答辩组长签字认定。

6. 校级优秀毕业设计(论文)由各学院(部)答辩委员会审核,学校组织评选认定。

七、成绩评定

1. 毕业设计(论文)的成绩采用记分和评语兼用的办法,记分采用优秀、良好、中等、及格、不及格五级记分制。

2. 答辩委员会和答辩小组应根据学生完成的毕业设计(论文)质量以及答辩情况,结合指导教师与评阅教师的评审意见和评分,最后给出毕业设计(论文)的综合评定成绩。

3. 成绩的评定必须坚持标准(见《毕业设计(论文)评分标准》),严格要求。"优秀"成绩的比例一般掌握在本专业参加答辩学生总人数的 15%,不得超过 20%;"中等"及以下成绩的比例原则上不低于 20%。

4. 各学院(部)毕业设计(论文)工作领导小组负责评分的平衡协调与审核,成绩经各学院(部)核定后再向学生公布。

5. 校级"优秀"毕业设计(论文)的认定,由学院(部)毕业设计(论文)工作指导小组审核并向学校推荐,人数掌握在学院(部)参加答辩学生总数的 3%左右;经学校组织的校级"优秀"毕业设计(论文)评审组审定之后向全校公布。

八、经费

1. 毕业设计(论文)的经费由学院的教学总经费中支出。经费使用范围包括器材的消耗费、加工费、计算机上机费、资料费、调研费、装订费等。

2. 学生在毕业设计(论文)进行过程中所需的文具纸张等费用由学生本人负责解决。

经管文艺类专业

毕业论文教学过程是高等学校实现本科培养目标要求的重要阶段,也是学生在大学期间的最后学习阶段。在此阶段,学生将全面总结、综合应用大学期间的学习成果,培养分析问题和解决问题的能力,进一步得到科学研究方法与实践的基本训练,从而实现实践能力、创新能力与综合素质的全面提高,为其毕业后独立地进行科学研究与社会实践奠定初步基础。

为了切实保证我校经济、管理、经济、文科、艺术类学生毕业论文的教学质量，学校组织制订《南京工业大学浦江学院毕业设计(论文)工作办法(试行)》。

一、教学要求

毕业论文是应届毕业生在毕业前接受课题任务，在教师的指导下独立地、较系统地从事科学专题研究并取得成果，完成论文撰写的过程。

进行毕业论文时，首先必须对预定的任务目标进行全面了解，通过查阅资料、调查研究获取信息；然后对获取的信息进行科学的分析与加工整理，通过研究解决问题的关键要素和各种可能途径，提出达到预期目标的最佳方案，并最终用论文的形式作出科学的、完整的表述。

毕业论文教学要求是：

1. 教育学生以马克思主义、毛泽东思想、邓小平理论为指导，运用唯物辩证的观点和方法正确分析问题，解决问题。

2. 加强学生综合运用基础理论与专业知识的能力训练，使所学理论知识得到巩固、提升和扩展。

3. 使学生受到科学研究方法的基本训练，培养学生独立分析和解决社会实际问题的初步能力。

4. 加强学生从事科研的基本技能训练，包括进行社会调查与获取第一手资料的能力、查阅中外文献资料与资料的综合分析的能力、撰写论文以及口头表达的能力等等。结合毕业论文的课题，要求学生至少查阅专业 10 篇中外文献资料，并完成 2000 以上外文单词的译文(非英语专业)，作为毕业论文的附件与论文一起上交评阅。

5. 培养学生探求真理、勇于创新的科学精神，实事求是、认真负责、刻苦钻研的科学态度和团结互助、协调工作的优良作风。

二、组织与管理

1. 毕业论文工作在学院统一领导下，采取教务处、院(部)二级分级负责的管理办法组织实施。教务处、院(部)二级管理职责见《毕业设计(论文)工作各级岗位职责》。

2. 为了作好毕业论文工作，各院(部)应成立毕业论文工作领导小组。

3. 应充分认识到毕业论文的动员对于论文整个阶段工作至关重要的作用，因此，必须在此项工作开始前一周，由各院(部)做毕业论文动员，并由院(部)毕业论文工作领导小组主持，分别组织有关指导教师和学生认真学习《南京工业大学浦江学院毕业设计(论文)工作办法(试行)》，领会精神，明确要求。同时对学生落实好毕业论文的选题，以便指导教师与学生作好开题准备，及早进入课题。学校鼓励优秀学生提前进入毕业论文工作。

4. 毕业论文进行过程中，各院(部)应分别在前、中、后三个阶段进行工作检查。检查的重点是：

(1) 前期：着重检查指导教师到岗情况与工作情况，如进行课题的条件是否具备、学生开题情况以及存在的困难等，并协助解决。

(2) 中期：着重检查学风、工作进度以及工作进程中出现的新问题和存在的困难等。要求教师根据学生的不同特点有针对性地进行指导，并及时向学院汇报中期检查情况，采取解决措施。

(3) 后期：着重检查毕业论文工作进度与完成质量，并要求指导教师对学生进行初步考核，为毕业论文答辩作好准备。

5. 毕业论文答辩开始前一周，各院(部)成立答辩委员会以及相应的答辩小组，院(部)答辩委员会负责组织答辩工作。

6. 毕业设计(论文)进行过程中，教务处将选派督导专家组，对各院(部)的工作情况予以抽查。

7. 毕业论文工作结束后，各院(部)必须认真进行书面总结上报学院教务处。工作总结的内容可以参阅本手册中有关内容。

8. 毕业论文的原件、附件等材料由各院(部)整理并保存，保存期暂定 4 年。校级优秀毕业论文由教务处档案室保存。有关材料在保存期间可以通过正式手续借阅。存档前教务处将对毕业论文进行抽查。

三、指导教师

毕业论文教学过程实行指导教师负责制。每个指导教师应对其所指导学生的整个毕业论文工作阶段的教学活动全面负责。充分发挥指导教师的作用是提高毕业论文教学质量的关键之一。

1. 指导教师应由具有中级职称(或硕士学位)以上教师担任，其中高级职称人员应占一定比例。

2. 经院(部)负责人批准，学生可以在校外单位进行毕业论文工作。在校外进行毕业论文时，必须配备校内指导教师，再辅以聘请校外具有中级以上职称人员担任兼职指导。

3. 每位教师指导的学生人数一般不宜超过 8 人。对有辅助教师协助指导或者学生在校外做毕业设计并聘请了校外兼职指导教师的，允许适当增加指导的学生人数。

四、学生

毕业论文是学生毕业及学位资格认证的重要依据之一，每个学生都必须自始至终参加并完成这一教学环节。

要求学生做到：

1. 自觉地以马克思主义、毛泽东思想、邓小平理论为指导，运用唯物辩证的观点和方法分析问题，解决问题。

2. 认真独立地完成毕业论文任务书所规定的全部工作任务，充分发挥主动性和创造性，坚持实事求是的科学态度，刻苦钻研，力争高质量地完成毕业论文。严禁弄虚作假，抄袭他人著作。

3. 尊敬教师，服从安排，遵守纪律。学生在毕业论文阶段的考勤与纪律要求，按照"南京工业大学浦江学院本科生学籍管理条例"中的有关规定执行。

4. 学生必须按照《本科生毕业设计(论文)撰写规范》认真撰写毕业论文及附件，其中应包括规定阅读的外文资料原文、译文或笔记等材料，经指导教师审阅之后，在答辩前三天交论文评阅教师评阅。

5. 学生必须参加毕业论文答辩。答辩前学生应认真做好准备工作，如准备好发言提纲、必要的图表、文字说明等。通过答辩者方能取得毕业论文的学分。

五、选题

1. 课题的选择是保证毕业论文教学质量的重要环节,应满足教学的基本要求。选择课题应从本专业培养目标要求出发,尽量结合教学、科研、生产或社会的实际需要,尽可能使其具有发展与创新性空间,从而有利于巩固和拓宽学生的知识面、有利于对学生知识应用、科研以及独立工作能力的培养。鼓励与科研院所、企事业单位进行各种形式合作,选择对方的实际问题作为毕业论文选题。

2. 毕业论文内容的难度和完成工作量要适当。应确保学生在教学计划规定的时间内,在教师的指导下经过努力能够完成任务书所要求的工作。几个学生共同做一个较大的课题时,每个学生应该有明确的独立完成部分。

3. 选题要贯彻因材施教的教学原则。在保证毕业论文教学基本要求的基础上,课题类型可以多样化,使具有不同特长的学生能针对自身条件选择不同类型的论文课题,从而使各类学生都能充分发挥其主动性和创造性。

4. 由指导教师提出选题,并报学院(部)审定。学院(部)鼓励学生参与选题,对于学生个人提出的确有创见的题目,经学院(部)审定批准后,可以列入毕业论文的题目,并在毕业论文成绩评定时予以适当的倾斜。

5. 选题汇总并由学院(部)审定之后,应于论文正式开始前一个月向学生公布。在专业教师的指导下,学生应认真思考,并确定本人的选题。选题一经确立,不得任意变更。如有特殊情况确需更改时,必须由学生和指导教师共同提交选题更改报告,经学院(部)批准后方可执行。学院(部)应将选题结果报学院备案。

六、答辩

1. 各学院(部)成立答辩委员会,下设若干答辩小组。答辩委员会由学院(部)负责人、教研组组长或教师代表、答辩小组长组成。答辩小组人数以 3~5 名为宜,组长应由有经验、责任心强的教师担任,成员可以是具有本专业讲师以上职称(或硕士学位)的教师,也可以聘请外院、外校相应职称的教师。

2. 毕业论文应由除指导教师外的答辩小组 1 名以上教师认真评阅,写出评阅意见与评分,评分不及格者不得参加答辩。评阅教师应同时准备好不同难度的问题,以备在答辩时提问选用。

3. 毕业答辩由答辩小组组长主持。每次答辩的时间掌握在学生汇报 10 分钟左右,教师提问 15 分钟左右。

4. 优秀毕业设计(论文)可由学生本人申请,指导教师与评阅教师共同推荐,在小组答辩开始之前,由各学院(部)答辩委员会在全学院(部)范围单独组织答辩。

5. 毕业答辩结束后,答辩小组应对学生给出成绩评定和论文工作评语,由答辩组长签字认定。

6. 校级优秀毕业论文由学院(部)答辩委员会审核,学校组织评选认定。

七、成绩评定

1. 毕业论文的成绩采用记分和评语兼用的办法,记分采用优秀、良好、中等、及格、不及格五级记分制。

2. 答辩委员会和答辩小组应根据学生完成的毕业论文质量以及答辩情况,结合指导教师与评阅教师的评审意见和评分,最后给出毕业论文的综合评定成绩。

3. 成绩的评定必须坚持标准(见《毕业设计(论文)评分标准》),严格要求。"优秀"成绩的比例一般掌握在本专业参加答辩学生总人数的 15%,不得超过 20%;"中等"及以下成绩的比例原则上不低于 20%。

4. 学院(部)毕业论文工作领导小组负责评分的平衡协调与审核,成绩经院(部)核定后再向学生公布。

5. 校级"优秀"毕业论文的认定,由学院(部)毕业论文工作领导小组审核并向学校推荐,人数掌握在全院(部)参加答辩学生总数的 3%左右;经学校组织的校级"优秀"毕业论文评审组审定之后向全校公布。

八、经费

1. 毕业论文的经费由学院的教学总经费中支出。经费使用范围包括调研费、资料费、计算机上机费,装订费等。

2. 学生在毕业论文进行过程中所需的文具纸张等费用由学生本人负责解决。

附录B　科学技术报告、学位论文和学术论文的编写格式

GB 7713—87

(国家标准局 1987-05-05 批准，1988-01-01 实施)

1　引言

1.1　制订本标准的目的是为了统一科学技术报告、学位论文和学术论文(以下简称报告、论文)的撰写和编辑的格式，便利信息系统的收集、存储、处理、加工、检索、利用、交流、传播。

1.2　本标准适用于报告、论文的编写格式，包括形式构成和题录著录，及其撰写、编辑、印刷、出版等。

　　本标准所指报告、论文可以是手稿，包括手抄本和打字本及其复制品；也可以是印刷本，包括发表在期刊或会议录上的论文及其预印本、抽印本和变异本；作为书中一部分或独立成书的专著；缩微复制品和其他形式。

1.3　本标准全部或部分适用于其他科技文件，如年报、便览、备忘录等，也适用于技术档案。

2　定义

2.1 科学技术报告

　　科学技术报告是描述一项科学技术研究的结果或进展或一项技术研制试验和评价的结果；或是论述某项科学技术问题的现状和发展的文件。

　　科学技术报告是为了呈送科学技术工作主管机构或科学基金会等组织或主持研究的人等。科学技术报告中一般应该提供系统的或按工作进程的充分信息，可以包括正反两方面的结果和经验，以便有关人员和读者判断和评价，以及对报告中的结论和建议提出修正意见。

2.2 学位论文

　　学位论文是表明作者从事科学研究取得创造性的结果或有了新的见解，并以此为内容撰写而成，作为提出申请授予相应的学位时评审用的学术论文。

　　学士论文应能表明作者确已较好地掌握了本门学科的基础理论、专门知识和基本技能，并具有从事科学研究工作或担负专门技术工作的初步能力。

　　硕士论文应能表明作者确已在本门学科上掌握了坚实的基础理论和系统的专门知识，并对所研究课题有新的见解，有从事科学研究工作或独立担负专门技术工作的能力。

博士论文应能表明作者确已在本门学科上掌握了坚实宽广的基础理论和系统深入的专门知识，并具有独立从事科学研究工作的能力，在科学或专门技术上做出了创造性的成果。

2.3　学术论文

学术论文是某一学术课题在实验性、理论性或观测性上具有新的科学研究成果或创新见解和知识的科学记录；或是某种已知原理应用于实际中取得新进展的科学总结，用以提供学术会议上宣读、交流或讨论；或在学术刊物上发表；或作其他用途的书面文件。

学术论文应提供新的科技信息，其内容应有所发现、有所发明、有所创造、有所前进，而不是重复、模仿、抄袭前人的工作。

3　编写要求

报告、论文的中文稿必须用白色稿纸单面缮写或打字；外文稿必须用打字。可以用不褪色的复制本。

报告、论文宜用 A4(210 mm×297 mm)标准大小的白纸，应便于阅读、复制和拍摄缩微制品。报告、论文在书写、扫字或印刷时，要求纸的四周留足空白边缘，以便装订、复制和读者批注。每一面的上方(天头)和左侧(订口)应分别留边 25 mm 以上，下方(地脚)和右侧(切口)应分别留边 20 mm 以上。

4　编写格式

4.1　报告、论文章、条的编号参照国家标准 GB1.1《标准化工作导则标准编写的基本规定》第 8 章"标准条文的编排"的有关规定，采用阿拉伯数字分级编号。

4.2　报告、论文的构成(略)

5　前置部分

5.1　封面

5.1.1　封面是报告、论文的外表面，提供应有的信息，并起保护作用。

封面不是必不可少的。学术论文如作为期刊、书或其他出版物的一部分，无需封面；如作为预印本、抽印本等单行本时，可以有封面。

5.1.2　封面上可包括下列内容：

a. 分类号　在左上角注明分类号，便于信息交换和处理。一般应注明《中国图书资料类法》的类号，同时应尽可能注明《国际十进分类法 UDC》的类号。

b. 本单位编号　一般标注在右上角。学术论文无必要。

c. 密级　视报告、论文的内容，按国家规定的保密条例，在右上角注明密级。如系公开发行，不注密级。

d. 题名和副题名或分册题名　用大号字标注于明显地位。

e. 卷、分册、篇的序号和名称　如系全一册，无需此项。

f. 版本　如草案、初稿、修订版等，若系初版，无需此项。

g. 责任者姓名　责任者包括报告、论文的作者、学位论文的导师、评阅人、答辩委员会主席以及学位授予单位等。必要时可注明个人责任者的职务、职称、学位、所在单位名称及地址；如责任者系单位、团体或小组，应写明全称和地址。

在封面和题名页上，或学术论文的正文前署名的个人作者，只限于那些对于选定研究课题和制订研究方案、直接参加全部或主要部分研究工作并作出主要贡献以及参加撰写论文并能对内容负责的人，按其贡献大小排列名次。至于参加部分工作的合作者、按研究计划分工负责具体小项的工作者、某一项测试的承担者，以及接受委托进行分析检验和观察的辅助人员等，均不列入。这些人可以作为参加工作的人员一一列入致谢部分，或排于脚注。

如责任者姓名有必要附注汉语拼音时，必须遵照国家规定，即姓在名前，姓名连成一词，不加连字符，不缩写。

h. 申请学位级别　应按《中华人民共和国学位条例暂行实施办法》所规定的名称进行标注。

i. 专业名称　系指学位论文作者主修专业的名称。

j. 工作完成日期　包括报告、论文提交日期，学位论文的答辩日期，学位的授予日期，出版部门收到日期(必要时)。

k. 出版项　出版地及出版者名称，出版年、月、日(必要时)。

5.1.3　报告和论文的封面格式参见附录 A(略)。

5.2　封二

报告的封二可标注送发方式，包括免费赠送或价购，以及送发单位和个人；版权规定；其他应注明事项。

5.3　题名页

题名页是对报告、论文进行著录的依据。

学术论文无需题名页。

题名页置于封二和衬页之后，成为另页。

报告、论文如分装两册以上，每一分册均应各有其题名页。在题名页上注明分册名称和序号。

题名页除 5.1 规定封面应有的内容并取得一致外，还应包括下列各项：

单位名称和地址，在封面上未列出的责任者职务、职称、学位、单位名称和地址，参加部分工作的合作者姓名。

5.4　变异本

报告、论文有时为适应某种需要，除正式的全文正本以外，要求有某种变异本，如：节本、摘录本、为送请评审用的详细摘要本、为摘取所需内容的改写本等。

变异本的封面上必须标明"节本"、"摘录本"或"改写本"字样，其余应注明项目，参见 5.1 的规定执行。

5.5　题名

5.5.1　题名是以最恰当、最简明的词语反映报告、论文中最重要的特定内容的逻辑组合。题名所用每一词语必须考虑到有助于选定关键词和编制题录、索引等二次文献可以提供检索的特定实用信息。

题名应该避免使用不常见的缩略词、首字母缩写字、字符、代号和公式等。

题名一般不宜超过 20 字。

报告、论文用作国际交流，应有外文(多用英文)题名。外文题名一般不宜超过 10 个实词。

5.5.2 下列情况可以有副题名：

题名语意未尽，用副题名补充说明报告论文中的特定内容；

报告、论文分册出版，或是一系列工作分几篇报道，或是分阶段的研究结果，各用不同副题名区别其特定内容；

其他有必要用副题名作为引申或说明者。

5.5.3 题名在整本报告、论文中不同地方出现时，应完全相同，但眉题可以节略。

5.6 序或前言

序并非必要。报告、论文的序，一般是作者或他人对本篇基本特征的简介，如说明研究工作缘起、背景、宗旨、目的、意义、编写体例，以及资助、支持、协作经过等；也可以评述和对相关问题研究阐发。这些内容也可以在正文引言中说明。

5.7 摘要

5.7.1 摘要是报告、论文的内容不加注释和评论的简短陈述。

5.7.2 报告、论文一般均应有摘要，为了国际交流，还应有外文(多用英文)摘要。

5.7.3 摘要应具有独立性和自含性，即不阅读报告、论文的全文，就能获得必要的信息。摘要中有数据、有结论，是一篇完整的短文，可以独立使用，可以引用，可以用于工艺推广。摘要的内容应包含与报告、论文同等量的主要信息，供读者确定有无必要阅读全文，也供文摘等二次文献采用。摘要一般应说明研究工作的目的、实验方法、结果和最终结论等，而重点是结果和结论。

5.7.4 中文摘要一般不宜超过200～300字；外文摘要不宜超过250个实词。如遇特殊需要字数可以略多。

5.7.5 除了实在无变通办法可用以外，摘要中不用图、表、化学结构式、非公知公用的符号和术语。

5.7.6 报告、论文的摘要可以用另页置于题名页之后，学术论文的摘要一般置于题名和作者之后、正文之前。

5.7.7 学位论文为了评审，学术论文为了参加学术会议，可按要求写成变异本式的摘要，不受字数规定的限制。

5.8 关键词

关键词是为了文献标引工作从报告、论文中选取出来用以表示全文主题内容信息款目的单词或术语。

每篇报告、论文选取3～8个词作为关键词，以显著的字符另起一行，排在摘要的左下方。如有可能，尽量用《汉语主题词表》等词表提供的规范词。

为了国际交流，应标注与中文对应的英文关键词。

5.9 目次页

长篇报告、论文可以有目次页，短文无需目次页。

目次页由报告、论文的篇、章、条、附录、题录等的序号、名称和页码组成，另页排在序之后。

整套报告、论文分卷编制时，每一分卷均应有全部报告、论文内容的目次页。

5.10 插图和附表

清单报告、论文中如图表较多，可以分别列出清单置于目次页之后。图的清单应有序号、图题和页码。表的清单应有序号、表题和页码。

5.11　符号、标志等

符号、标志、缩略词、首字母缩写、计量单位、名词、术语等的注释表符号、标志、缩略词、首字母缩写、计量单位、名词、术语等的注释说明汇集表，应置于图表清单之后。

6　主体部分

6.1　格式

主体部分的编写格式可由作者自定，但一般由引言(或绪论)开始，以结论或讨论结束。

主体部分必须由另页右页开始。每一篇(或部分)必须另页起。如报告、论文印成书刊等出版物，则按书刊编排格式的规定。

全部报告、论文的每一章、条的格式和版面安排，要求划一，层次清楚。

6.2　序号

6.2.1　如报告、论文在一个总题下装为两卷(或分册)以上，或分为两篇(或部分)以上，各卷或篇应有序号。可以写成：第一卷、第二分册；第一篇、第二部分等。用外文撰写的报告、论文，其卷(分册)和篇(部分)的序号，用罗马数字编码。

6.2.2　报告、论文中的图、表、附注、参考文献、公式、算式等，一律用阿拉伯数字分别依序连续编排序号。序号可以就全篇报告、论文统一按出现先后顺序编码，对长篇报告、论文也可以分章依序编码。其标注形式应便于互相区别，可以分别为：图 1、图 2.1；表 2、表 3.2；附注 1)；文献[4]；式(5)、式(3.5)等。

6.2.3　报告、论文一律用阿拉伯数字连续编页码。页码由书写、打字或印刷的首页开始，作为第 1 页，并为右页另页。封面、封二、封三和封底不编入页码。可以将题名页、序、目次页等前置部分单独编排页码。页码必须标注在每页的相同位置，便于识别。

力求不出空白页，如有，仍应以右页作为单页页码。

如在一个总题下装成两册以上，应连续编页码。如各册有其副题名，则可分别独立编页码。

6.2.4　报告、论文的附录依序用大写正体 A，B，C，……编序号，如：附录 A。

附录中的图、表、式、参考文献等另行编序号，与正文分开，也一律用阿拉伯数字编码，但在数码前冠以附录序码，如：图 A1；表 B2；式(B3)；文献[A5]等。

6.3　引言(或绪论)

引言(或绪论)简要说明研究工作的目的、范围、相关领域的前人的工作和知识空白、理论基础和分析、研究设想、研究方法和实验设计、预期结果和意义等。应言简意赅，不要与摘要雷同，不要成为摘要的注释。一般教科书中有的知识，在引言中不必赘述。

比较短的论文可以只用小段文字起着引言的效用。

学位论文为了反映出作者确已掌握了坚实的基础理论和系统的专门知识，具有开阔的科学视野，对研究方案作了充分论证，因此，有关历史回顾和前人工作的综合评述，以及理论分析等，可以单独成章，用足够的文字叙述。

6.4　正文

报告、论文的正文是核心部分，占主要篇幅，可以包括：调查对象、实验和观测方法、仪器设备、材料原料、实验和观测结果、计算方法和编程原理、数据资料、经过加工整理的图表、形成的论点和导出的结论等。

由于研究工作涉及的学科、选题、研究方法、工作进程、结果表达方式等有很大的差异，对正文内容不能作统一的规定。但是，必须实事求是，客观真切，准确完备，合乎逻辑，层次分明，简练可读。

6.4.1　图

图包括曲线图、构造图、示意图、图解、框图、流程图、记录图、布置图、地图、照片、图版等。

图应具有"自明性"，即只看图、图题和图例，不阅读正文，就可理解图意。

图应编排序号(见 6.2.2)。

每一图应有简短确切的题名，连同图号置于图下。必要时，应将图上的符号、标记、代码，以及实验条件等，用最简练的文字，横排于图题下方，作为图例说明。

曲线图的纵横坐标必须标注"量、标准规定符号、单位"。此三者只有在不必要标明(如无量纲等)的情况下方可省略。坐标上标注的量的符号和缩略词必须与正文中一致。

照片图要求主题和主要显示部分的轮廓鲜明，便于制版。如用放大缩小的复制品，必须清晰，反差适中。照片上应该有表示目的物尺寸的标度。

6.4.2　表

表的编排，一般是内容和测试项目由左至右横读，数据依序竖排。表应有自明性。

表应编排序号(见 6.2.2)。

每一表应有简短确切的题名，连同表号置于表上。必要时应将表中的符号、标记、代码，以及需要说明事项，以最简练的文字，横排于表题下，作为表注，也可以附注于表下。

附注序号的编排，见 6.2.2。表内附注的序号宜用小号阿拉伯数字并加圆括号置于被标注对象的右上角，如：×××[1)，不宜用星号"*"，以免与数学上共轭和物质转移的符号相混。

表的各栏均应标明"量或测试项目、标准规定符号、单位"。只有在无必要标注的情况下方可省略。表中的缩略调和符号，必须与正文中一致。

表内同一栏的数字必须上下对齐。表内不宜用"同上"、"同左"、","和类似词，一律填入具体数字或文字。表内"空白"代表未测或无此项，"-"或"…"(因"-"可能与代表阴性反应相混)代表未发现，"0"代表实测结果确为零。

如数据已绘成曲线图，可不再列表。

6.4.3　数学、物理和化学式

正文中的公式、算式或方程式等应编排序号(见 6.2.2)，序号标注于该式所在行(当有续行时，应标注于最后一行)的最右边。

较长的式，另行居中横排。如式必须转行时，只能在+，-，×，÷，<，>处转行。上下式尽可能在等号"＝"处对齐。

示例 1：

$$
\begin{aligned}
W(N_1) &= H_{0.1} + \int_{\tau^{-1}}^{\tau^{-1}+1} L_{ne}^{r-2\sin N_1} d_0 \\
&= R(N_0) + \int_{\tau^{-1}}^{\tau^{-1}+1} L_{n^e}^{r-2\sin N_1} d_0 + O(P^{-r-n-v})
\end{aligned}
\tag{1}
$$

示例 2：

$$f(x, y) = f(0,0) + \frac{1}{1!}\left(x\frac{\partial}{\partial x} + y\frac{\partial}{\partial y}\right)f(0,0)$$

$$+ \frac{1}{2!}\left(x\frac{\partial}{\partial x} + y\frac{\partial}{\partial y}\right)^2 f(0,0) + K \tag{2}$$

$$+ \frac{1}{n!}\left(x\frac{\partial}{\partial x} + y\frac{\partial}{\partial y}\right)^n f(0,0) + K$$

示例 3：

$$-\frac{8\mu}{Nz}\frac{\partial}{\partial S}\ln Q = -\left[\left(1 + \sum_1^4 z_v\right) - \frac{2\mu}{z}\right]\ln\frac{\theta_a(1-\theta_\beta)}{\theta_\beta(1-\theta_\alpha)}$$

$$+ \ln\frac{\lambda_a}{\lambda_\beta} - z_1\ln\frac{\epsilon_1}{\zeta_1} + \sum z_v\ln\frac{\epsilon_v}{\zeta_v} \tag{3}$$

$$= 0$$

小数点用"."表示。大于 999 的整数和多于三位数的小数，一律用半个阿拉伯数字符的小间隔分开，不用千位撇。对于纯小数应将 0 列于小数点之前。

示例：应该写成 94 652.023 567；　　　　0.314 325

不应写成 94，652.023，567；　　　.314，325

应注意区别各种字符，如：拉丁文、希腊文、俄文、德文花体、草体；罗马数字和阿拉伯数字；字符的正斜体、黑白体、大小写、上下角标(特别是多层次，如"三踏步")、上下偏差等。

示例：I，l，l，i；C，c；K，k，κ；0，o，(°)；S，s，5；Z，z，2；B；β；W，w，ω。

6.4.4　计量单位

报告、论文必须采用 1984 年 2 月 27 日国务院发布的《中华人民共和国法定计量单位》，并遵照《中华人民共和国法定计量单位使用方法》执行。使用各种量、单位和符号，必须遵循附录 B 所列国家标准的规定执行。单位名称和符号的书写方式一律采用国际通用符号。

6.4.5　符号和缩略词

符号和缩略词应遵照国家标准(见附录 B)的有关规定执行。如无标准可循，可采纳本学科或本专业的权威性机构或学术固体所公布的规定；也可以采用全国自然科学名词审定委员会编印的各学科词汇的用词。如不得不引用某些不是公知公用的、且又不易为同行读者所理解的、或系作者自定的符号、记号、缩略词、首字母缩写字等时，均应在第一次出现时一一加以说明，给以明确的定义。

6.5　结论

报告、论文的结论是最终的、总体的结论，不是正文中各段的小结的简单重复。结论应该准确、完整、明确、精练。

如果不可能导出应有的结论，也可以没有结论而进行必要的讨论。

可以在结论或讨论中提出建议、研究设想、仪器设备改进意见、尚待解决的问题等。

6.6 致谢

可以在正文后对下列方面致谢：

国家科学基金、资助研究工作的奖学金基金、合同单位、资助或支持的企业、组织或个人；

协助完成研究工作和提供便利条件的组织或个人；

在研究工作中提出建议和提供帮助的人；

给予转载和引用权的资料、图片、文献、研究思想和设想的所有者；

其他应感谢的组织或个人。

6.7 参考文献表

按照 GB 7714-87《文后参考文献著录规则》的规定执行。

7 附录

附录是作为报告、论文主体的补充项目，并不是必需的。

7.1 下列内容可以作为附录编于报告、论文后，也可以另编成册。

a. 为了整篇报告、论文材料的完整，但编入正文又有损于编排的条理和逻辑性，这一类材料包括比正文更为详尽的信息、研究方法和技术更深入的叙述，建议可以阅读的参考文献题录，对了解正文内容有用的补充信息等；

b. 由于篇幅过大或取材于复制品而不便于编入正文的材料；

c. 不便于编入正文的罕见珍贵资料；

d. 对一般读者并非必要阅读，但对本专业同行有参考价值的资料；

e. 某些重要的原始数据、数学推导、计算程序、框图、结构图、注释、统计表、计算机打印输出件等。

7.2 附录与正文连续编页码。每一附录的各种序号的编排见 4.2 和 6.2.4。

7.3 每一附录均另页起。如报告、论文分装几册。凡属于某一册的附录应置于该册正文之后。

8 结尾部分（必要时）

为了将报告、论文迅速存储入电子计算机，可以提供有关的输入数据。

可以编排分类索引、著者索引、关键词索引等。封三和封底(包括版权页)。

附录 B 相关标准 (补充件)

B.1 GB 1434-78 物理量符号

B.2 GB 3100-82 国际单位制及其应用。

B.3 GB 3101-82 有关量、单位和符号的一般原则。

B.4 GB3102.1-82 空间和时间的量和单位。

B.5 GB 3102.2-82 周期及其有关现象的量和单位。

B.6 GB 3102.3-82 力学的量和单位。

B.7 GB 3102.4-82 热学的量和单位。

B.8 GB 3102.5-82 电学和磁学的量和单位。

B.9 GB 3102.6-82 光及有关电磁辐射的量和单位。

B.10 GB 3102.7-82　声学的量和单位。

B.11 GB 3102.8-82　物理化学和分子物理学的量和单位。

B.12 GB 3102.9-82　原子物理学和核物理学的量和单位。

B.13 GB 3102.10-82　核反应和电离辐射的量和单位。

B.14 GB 3102.11-82　物理科学和技术中使用的数学符号。

B.15 GB 3102.12-82　无量纲参数。

B.16 GB 3102.13-82　固体物理学的量和单位。

附加说明：

　　本标准由全国文献工作标准化技术委员会提出。本标准由全国文献工作标准化技术委员会第七分委员会负责起草。本标准主要起草人谭丙煜。

参 考 文 献

[1] 刘玉梅. 机械类专业毕业设计指导与案例分析[M]. 北京：水利水电出版社，2014.

[2] 张黎骅. 机械工程专业毕业设计指导书[M]. 北京：北京大学出版社，2011.

[3] 贾开武. 应用型土木工程专业毕业设计指导书[M]. 北京：中国建筑工业出版社，2015.

[4] 佘明辉. 电子信息类专业毕业设计指导书[M]. 北京：机械工业出版社，2013.

[5] 杜文洁. 高等学校毕业设计(论文)指导教程[M]. 北京：中国水利水电出版社，2015.

[6] 包锦阳. 大专生毕业论文(设计)写作指导[M]. 杭州：浙江大学出版社，2004.

[7] 华莹. 高等学校毕业设计(论文)指导教程[M]. 北京：中国水利水电出版，2015.

[8] 王士政. 电力工程类专题课程设计与毕业设计指导教程[M]. 北京：中国水利水电出版，2007.

[9] 刘思宁. 大学生毕业设计全程指导 [M]. 成都：西南交通大学出版社，2001.

[10] 陈平. 毕业设计与毕业论文指导[M]. 北京：北京大学出版社，2015.

[11] 刘俊. 毕业设计指导与案例分析：机械类[M]. 北京：北京理工大学出版社，2009.

[12] 刘淀. 电气及自动化专业毕业设计宝典[M]. 西安：西安电子科技大学出版社，2008.

[13] 张涛. 自动化专业毕业设计(论文)指导教程[M] . 北京：煤炭工业出版社 2013.

[14] 何庆. 机械制造专业毕业设计指导与范例[M]. 北京：化学工业出版社，2008.

[15] 李阳. 电气与自动化类专业毕业设计指导[M]. 北京：中国电力出版社，2016.